# 机电信息与电力工程技术应用

肖　润　王　建　侯斐玉　主编

汕頭大學出版社

图书在版编目（CIP）数据

机电信息与电力工程技术应用 / 肖润，王建，侯斐
玉主编. -- 汕头 : 汕头大学出版社，2024. 12.
ISBN 978-7-5658-5513-9

Ⅰ. TM7

中国国家版本馆CIP数据核字第2025HJ8991号

机电信息与电力工程技术应用
JIDIAN XINXI YU DIANLI GONGCHENG JISHU YINGYONG

主　　编：肖　润　王　建　侯斐玉
责任编辑：郑舜钦
责任技编：黄东生
封面设计：刘梦杏
出版发行：汕头大学出版社
　　　　　广东省汕头市大学路 243 号汕头大学校园内　邮政编码：515063
电　　话：0754-82904613
印　　刷：廊坊市海涛印刷有限公司
开　　本：710mm×1000mm　1/16
印　　张：11.75
字　　数：198 千字
版　　次：2024 年 12 月第 1 版
印　　次：2025 年 2 月第 1 次印刷
定　　价：68.00 元
ISBN 978-7-5658-5513-9

# 编委会

# 前　言

　　机电信息技术与电力工程技术在现代工业和社会中扮演着至关重要的角色。这两者的结合不仅提高了生产效率，还促进了能源的有效利用与管理，从而推动了经济和社会的发展。通过传感器、控制器和通信网络等设备，机电信息技术可以实时监控电力系统的运行状态，采集并分析各种数据，从而实现对电力系统的动态控制和优化调度。这不仅提高了电力系统的稳定性和可靠性，还有效减少了能源的浪费。例如，智能电网技术的应用使得电力供应与需求的匹配更加精确，提高了电力传输的效率，同时降低了故障率。传统的电力设备运维主要依靠定期检修和人工监测，效率低且成本高。通过机电信息技术，可以实现对电力设备的远程监控和预测性维护。传感器实时采集设备的运行数据，结合大数据分析和机器学习算法，可以提前预测设备的故障风险，及时采取预防措施，减少设备故障的发生，延长设备的使用寿命，降低运维成本。

　　本书致力于为读者提供全面、系统的机电信息与电力工程技术的理论与实际应用知识。本书旨在帮助读者深入了解机电信息技术和电力工程技术的发展历程、现状及未来趋势，并掌握相关技术在现代工业中的具体应用。本书内容涵盖机电信息技术概述、系统设计与实现、数据处理与分析、电力工程技术应用概述、系统设计与运行、工程项目管理、电气自动化技术概述及其在工业中的应用等各个方面。通过详尽的理论讲解和丰富的实际案例，本书不仅帮助读者建立了扎实的理论基础，还提供了宝贵的实践经验，具有较高的实用价值。

　　作者在写作本书的过程中，借鉴了许多前辈的研究成果，在此表示衷心的感谢。由于本书需要探究的层面比较深，作者对一些相关问题的研究不透彻，加之写作时间仓促，书中难免存在一定的不妥和疏漏之处，恳请前辈、同行以及广大读者斧正。

# 目　　录 contents

# 第一章　机电信息技术概述

## 第一节　机电信息技术的定义与发展

### 一、机电信息技术的定义

机电信息技术是一门综合性学科，结合了机械工程、电气工程和信息技术的原理与方法，旨在实现信息处理与机械控制的有机结合。它涵盖从机械设计、自动控制到计算机应用和通信技术的广泛领域，强调系统集成和优化，提高机械系统的智能化和自动化水平，应用于制造业、自动化生产、智能家居等多个领域，以提升生产效率和产品质量。

### 二、机电信息技术的发展

#### （一）基础形成阶段

1. 机械与电气结合的萌芽

20世纪初期，机械工程与电气工程开始逐步结合，形成了早期的机电一体化技术。这一阶段，机械工程和电气工程的交汇点逐渐显现，并开始对机械设备进行电气控制的尝试①。电气控制技术的引入，为机械设备的性能和效率带来了显著提升。在这一时期，机械工程主要集中在机械设计、制造和动力传输方面，而电气工程则侧重于电力生成、传输和电气控制技术。随着技术的进步，人们逐渐认识到，单纯依靠机械技术难以实现复杂的控制和自动化要求。为了提高机械设备的性能和效率，将电气控制技术引入机械系统中成为必然的选择。

电气控制技术的应用，使得机械设备的操作更加精确和灵活。例如，早

---

① 陈志英. 高速公路机电工程施工中的安全管理与风险控制策略 [J]. 工程技术研究，2023，8（20）：117-119.

期的机床、纺织机械和输送设备等，开始采用电动机驱动和电气控制系统，从而大大提高了生产效率和产品质量。同时，电气控制技术使得机械设备的自动化水平得到了提升，减少了人工操作的干预，提高了生产的连续性和稳定性。此外，在这一阶段，传感器技术也开始逐步应用于机械设备。传感器的引入，使得机械系统能够实时监测各种参数，如速度、位置、温度等，并通过电气控制系统进行调整和优化。这种实时监测和控制的能力，为机械设备的性能提升提供了重要的技术支持。

通过机械与电气技术的结合，机械设备不仅在性能和效率上得到了提升，还在功能上得到了扩展。例如，自动化生产线的雏形在这一阶段开始出现，通过电气控制系统，实现了各个机械设备之间的协同工作，从而提高了生产的整体效率。

2. 电子技术的初步应用

20 世纪中期，电子技术的发展进入了一个新的阶段，特别是电子控制器和传感器的广泛应用，对机械系统产生了深远的影响。这一时期，电子技术开始逐步渗透到机械工程中，使得机械系统的自动化水平得到了显著提升。传统的机械控制方式主要依赖于机械部件的相互作用，存在精度低、响应慢等问题。而电子控制器的引入，使得机械系统能够实现更精确、更快速的控制。电子控制器能够处理复杂的控制逻辑，实时监测和调整系统的运行状态，从而大大提高机械系统的性能和效率。

传感器技术的进步为机械系统的自动化提供了重要的技术支持。传感器能够实时采集各种物理量，如温度、压力、速度、位置等，并将这些数据传输给电子控制器进行处理和反馈。通过传感器的监测，机械系统能够实现自适应控制和优化运行，进一步提高了自动化水平。电子技术的发展还推动了机械系统的集成化和模块化设计。电子控制器和传感器的应用，使得机械系统的各个部分能够通过标准化的接口进行集成，实现模块化设计。这种设计方式不仅简化了机械系统的设计和制造过程，还提高了系统的可维护性和可靠性。

计算机技术的初步应用也为机械系统的自动化奠定了基础。计算机控制系统的引入，使得机械系统能够处理更加复杂的控制任务，并实现数据的存储和分析。这种数据驱动的控制方式，为机械系统的优化和改进提供了新的思路和方法。通过电子技术的初步应用，机械系统的自动化水平得到了显著提升，开创了机械工程与电子技术相结合的新局面。电子控制器和传感器的广泛应用，不仅提高了机械系统的性能和效率，还推动了机械系统向智能化、集成化方向的发展。这一阶段奠定了机电信息技术的基础，为后续技术的发展提供了重要的技术积累和经验。

### （二）快速发展阶段

#### 1.计算机技术的引入

进入 20 世纪 70 年代，计算机技术的飞速发展为机电信息技术带来了新的变革。计算机控制系统极大地提高了机械设备的控制精度和自动化程度，使得机电信息技术进入了一个快速发展的阶段。相比于传统的电子控制器，计算机能够处理更加复杂的控制算法和大量的数据，这使得机械系统可以实现更高的控制精度。例如，在数控机床中，计算机控制系统能够精确地控制刀具的位置和速度，提高加工精度和生产效率。计算机控制系统使得机械设备的自动化程度得到了显著提升。通过编程，计算机可以实现复杂的控制逻辑和自动化操作，大大减少了对人工操作的依赖。例如，在工业机器人中，计算机控制系统可以实现自动焊接、装配等复杂的操作，提高生产的自动化水平和效率。

计算机控制系统不仅能够实现实时控制，还可以进行数据采集和分析，通过数据驱动的方式优化机械系统的运行。例如，在智能制造系统中，计算机控制系统可以实时监测生产过程中的各种参数，通过数据分析和反馈优化生产流程，提高生产效率和产品质量。计算机技术的引入还促进了机械系统的集成化和模块化设计。通过计算机控制系统，不同的机械设备和系统可以通过标准化的接口进行集成，实现系统的模块化设计。通过计算机技术的引入，机械设备的控制精度和自动化程度得到了显著提升，推动了机电信息技术的快速发展。计算机控制系统的强大数据处理能力和复杂控制算法，使得机械系统能够实现更高的精度和效率。同时，计算机技术还推动了机械设备的智能化和集成化发展，为机电信息技术的发展开辟了新的方向。

#### 2.集成化与模块化

在 20 世纪 80 年代，机电一体化技术进一步发展，系统的集成化与模块化设计逐渐成为这一时期的主要特点。此阶段，生产线的自动化和柔性制造系统得到了广泛应用，极大地推动了工业生产的效率和灵活性。集成化设计的应用使得不同功能的机械设备能够通过统一的控制系统进行协调工作。集成化设计不仅提高了系统的整体效率，还简化了系统的维护和管理。例如，在自动化生产线上，各种机械设备，如机器人、传送带、加工设备等，通过集成化控制系统进行统一调度和管理，实现了生产过程的全自动化。

模块化设计将复杂的机械系统拆分为若干独立的功能模块，每个模块都具有标准化的接口和独立的功能。这种设计方式使得系统的设计、制造和维护变得更加简便。例如，在柔性制造系统中，不同的生产模块可以根据生产需求进行灵活配置和组合，提高了生产系统的柔性和适应性。集成化与模块化设计还推动了机械系统的标准化和规范化发展。通过采用标准化的模块和接口，不同厂商生产的机械设备可以实现互联互通，提高了系统的兼容性和可维护性。这种标准化设计不仅降低了系统的设计和制造成本，还提高了系统的可靠性和稳定性。

通过集成化控制系统，不同的机械设备可以实现信息共享和数据交换，进一步提高了系统的自动化和智能化水平。例如，各个生产模块通过网络进行连接和通信，实现了生产过程的数据驱动和智能控制，提高了生产的效率和质量。通过集成化与模块化设计，机电一体化技术得到了进一步发展。集成化设计提高了系统的整体效率和协调性，而模块化设计则增强了系统的灵活性和可扩展性。

### (三) 智能化阶段

1. 信息技术的深度融合

进入 21 世纪，信息技术与机电技术的深度融合，极大地推动了机电信息技术的智能化发展。智能传感器、物联网、大数据和云计算等技术的应用，使得机电系统具备了自感知、自诊断、自适应的能力，全面提升了系统的性能和效率。智能传感器的广泛应用使得机电系统能够实时监测各种物理量，如温度、压力、速度和位置等。这些传感器不仅能够高精度地采集数据，还具备数据处理和通信功能。通过智能传感器，机电系统能够实时获取运行状态和环境信息，为系统的智能化控制提供了基础数据支持。

物联网技术的引入，使得机电系统实现了设备之间的互联互通。通过物联网，各个独立的机电设备能够通过网络进行数据交换和协同工作，形成一个高度集成的智能系统。这种互联互通的能力，使得机电系统能够实现远程监控、远程控制和故障诊断等功能，大大提高了系统的智能化水平和运行效率。大数据技术的应用，为机电系统的优化和改进提供了强大的数据分析能力。通过对大量的运行数据进行采集、存储和分析，机电系统能够发现潜在的问题和优化的方向。例如，通过对生产数据的分析，可以优化生产流程，降低能耗。同时，大数据技术还可以用于故障预测和维护，减少设备的停机时间和维护成本。

云计算技术的应用，为机电系统提供了强大的计算能力和数据存储能力。通过云计算，机电系统能够实时处理大量的传感器数据，并通过复杂的算法进行优化和控制。这种高效的计算能力，使得机电系统能够实现更高精度和更快速的响应。同时，云计算还提供了大规模的数据存储和备份功能，提高了系统的可靠性和安全性。通过信息技术与机电技术的深度融合，机电系统的智能化水平得到了显著提升。这种智能化的能力，不仅提高了系统的性能和效率，还推动了机电技术向更加智能化、自动化和高效化的方向发展。

2. 人工智能与机器学习的应用

随着人工智能和机器学习技术的不断成熟，机电信息技术迈入了智能化的新阶段。智能机器人、智能制造、智能交通等领域的应用，使得机电信息技术在各行各业中发挥着越来越重要的作用。通过人工智能和机器学习算法，智能机器人能够进行自主决策和动作规划，不仅可以执行复杂的生产任务，还能够根据环境变化进行自适应调整。例如，在制造业中，智能机器人能够完成组装、焊接、检验等多种任务，提高了生产线的灵活性和生产效率。

借助人工智能和机器学习技术，智能制造系统能够实现从设计、生产到维护的全流程智能化管理。通过对生产数据的实时分析和预测，智能制造系统可以优化生产流程、提高产品质量、降低生产成本。例如，通过预测性维护技术，可以在设备故障发生之前进行预防性维修，减少设备停机时间和维护成本。人工智能和机器学习技术在交通信号控制、车辆导航和交通流量预测等方面得到了广泛应用。智能交通系统可以通过实时监测和分析交通数据，优化交通信号灯的控制策略，减少交通拥堵，提高道路通行效率。同时，智能交通系统还可以为驾驶员提供精准的导航和路线规划，提高出行的安全性和便捷性。

人工智能和机器学习技术还在许多其他领域得到了广泛应用。在医疗领域，智能诊断系统能够通过对海量医疗数据的分析，辅助医生进行疾病诊断和治疗决策，提高医疗服务的质量和效率。在能源领域，智能电网技术能够通过对能源消耗数据的分析和预测，优化能源分配和使用，提高能源利用效率。通过人工智能和机器学习技术的应用，机电信息技术的智能化水平得到了显著提升。这些技术不仅提高了各行各业的生产效率和服务质量，还推动了行业的转型升级和创新发展。智能机器人、智能制造、智能交通等领域的广泛应用，进一步证明了人工智能和机器学习技术在机电信息技术中的重要作用。

# 第二节  机电信息技术在现代工业中的应用

## 一、机电信息技术在智能制造中的应用

### (一) 自动化生产线

通过计算机控制系统和智能传感器，自动化生产线实现了生产过程的全面自动化，从而显著提高了生产效率和产品质量。自动化生产线的核心在于其能够通过计算机控制系统进行精确操作和实时监控。计算机控制系统通过预设的程序和算法，能够高效地调度和控制生产线上的各个设备和工序，使得生产过程更加顺畅和高效。智能传感器的应用是自动化生产线实现智能化的重要手段。这些传感器能够实时监测生产过程中的各种参数，并将数据传输到控制系统进行处理和分析。通过对这些数据的实时监测和反馈，控制系统可以及时调整生产参数，以确保生产过程的稳定性和产品质量的稳定。此外，智能传感器还能够检测生产过程中的异常情况，及时预警和采取相应措施，减少生产故障和停机时间，提高生产线的可靠性和连续性。机器人技

术在自动化生产线中发挥了重要作用，特别是在组装、焊接和包装等环节。通过机器人技术的应用，生产线的柔性和适应性得到了极大的增强。工业机器人具有高精度、高速度和高重复性的特点，能够胜任复杂和高强度的工作任务。在组装环节，机器人可以精确地完成零部件的组装，提高装配的效率和精度；在焊接环节，机器人能够进行高精度的焊接操作，确保焊接质量的一致性；在包装环节，机器人能够快速、准确地完成产品的包装工作，提高包装的效率和质量。

除了机器人技术，自动化生产线还应用了各种先进的自动化设备和技术，如自动输送系统、自动检测系统和自动存储系统等。这些设备和技术的应用，使得生产线的自动化水平进一步提高。例如，自动输送系统能够实现物料和产品的自动输送，减少人工操作，提高物流效率；自动检测系统能够对产品进行实时检测和质量控制，确保产品质量的稳定；自动存储系统能够实现物料和产品的自动存储和管理，提高存储的效率和管理水平。通过机电信息技术的应用，自动化生产线不仅提高了生产效率和产品质量，还增强了生产的灵活性和适应性。生产线的自动化和智能化水平提高，使得企业能够更加快速地响应市场需求的变化，灵活调整生产计划和产品种类。此外，自动化生产线还减少了对人工的依赖，降低了劳动力成本和劳动强度，提高了生产的安全性和环保性。

**（二）预测性维护**

通过大数据和机器学习技术，智能制造系统能够对设备进行实时监测和分析，预测设备的故障情况，并在故障发生之前进行维护。这种前瞻性的维护策略不仅减少了设备的停机时间和维护成本，还大大提高了生产的连续性和可靠性。在现代工业环境中，各种传感器和监控设备能够实时采集大量的运行数据，如温度、压力、振动、转速等[①]。这些数据被传输到中央数据平台进行存储和处理，通过对这些历史数据和实时数据的综合分析，能够识别出设备运行状态的变化趋势和潜在的故障信号。

通过对大数据的学习和训练，机器学习算法能够建立设备的故障预测

---

① 张震. 基于智慧化的高速公路机电工程建设 [J]. 智能建筑与智慧城市，2023（07）：169-171.

模型。这些模型能够识别出设备在正常运行和异常状态下的数据特征，并通过实时监测数据的对比，及时发现设备的异常情况和潜在故障。机器学习算法的不断优化和改进，使得预测的准确性和可靠性不断提高。预测性维护的一个显著优势是能够在设备故障发生之前进行预防性维护。传统的维护策略通常是基于时间和经验的定期维护，往往存在维护过频或维护不足的情况。而预测性维护通过实时监测和分析，能够准确预测设备的故障时间和部位，合理安排维护计划，避免了不必要的维护操作，减少了设备的非计划停机时间，从而提高了设备的可用性和生产的连续性。

设备的故障往往会导致高昂的维修费用和停产损失，而通过提前预测和预防性维护，能够避免设备的重大故障和紧急维修，降低了维护和维修的成本。此外，预测性维护还能够优化备件管理，通过预测设备的故障需求，提前准备所需的备件，减少备件库存和采购成本。预测性维护不仅提高了设备的运行可靠性，还增强了生产系统的灵活性和响应能力。在现代工业生产中，设备的停机和故障往往会导致生产线的停滞和生产计划的中断。通过预测性维护，能够确保设备的高效运行，减少生产过程中的不确定性，进而提高生产计划的执行力和生产系统的响应速度。

## 二、机电信息技术在智能物流中的应用

### (一) 自动化仓储系统

现代物流中，自动化仓储系统的应用显著提升了仓储管理的效率和准确性。通过智能传感器和机器人技术，自动化仓储系统实现了物品的自动分拣、存储和提取。智能传感器的引入，使得仓储系统能够实时监测物品的位置、数量和状态，将数据传输到中央控制系统进行处理和分析。这些传感器不仅提高了数据采集的准确性，还实时更新库存信息，以确保库存管理的及时性。这些机器人负责搬运、分拣和存储物品，大大减少了人工操作的需求，从而提高了工作效率和准确性。例如，在分拣环节，机器人可以根据预设的指令快速准确地将物品分拣到不同的存储位置，避免了人工分拣的错误和延迟。在物品提取环节，机器人能够迅速找到目标物品并将其搬运到出库位置，从而提高出库效率。

通过物联网技术，各个环节的数据可以实现实时共享和分析，从而提高仓储管理的效率和准确性。物联网技术使仓储系统中的各个设备和系统互联互通，形成一个高度集成的智能仓储网络。在这一网络中，各种设备和系统能够实时交换信息，实现协同工作。例如，当一个物品入库时，智能传感器将其信息上传至中央控制系统，并与库存管理系统实时同步更新，使库存信息始终保持最新状态。物联网技术还使仓储系统能够进行实时监控和故障诊断。通过对仓储环境和设备运行状态的实时监测，系统能够及时发现潜在的问题和故障，并进行预警和处理，减少设备故障和停机时间，提高系统的可靠性和稳定性。

自动化仓储系统的应用不仅提高了仓储管理的效率和准确性，还带来了显著的经济效益和社会效益。通过减少人工操作和人为错误，自动化仓储系统降低了运营成本，提高了工作效率和服务质量。同时，通过优化库存管理和物流流程，自动化仓储系统提高了库存周转率和利用率，减少库存积压和浪费，增强企业的竞争力。在物流行业快速发展的背景下，自动化仓储系统的应用前景广阔。随着智能传感器、机器人技术和物联网技术的不断发展和进步，自动化仓储系统将变得更加智能化和高效化，为物流行业的智能化转型和升级提供强有力的支持。

## (二) 智能运输管理

智能运输管理系统在现代物流中发挥着重要作用，借助 GPS、物联网和大数据技术，能够实时监控运输车辆的位置和状态。通过这些技术手段，智能运输管理系统实现了对车辆的全面跟踪和管理，从而提高了运输效率，降低了物流成本。通过 GPS，管理系统可以准确地定位每一辆运输车辆的位置，并实时更新其行驶路线和状态。这种精确定位能力不仅提高了运输过程的透明度，还能够及时发现并解决运输过程中可能出现的问题。例如，当车辆遇到交通拥堵或发生意外时，系统可以实时监控并及时采取应对措施，避免运输延误和损失。

各种传感器和设备能够实时采集运输车辆的状态数据，如速度、油耗、载重和环境参数等。这些数据被传输到中央控制系统进行分析和处理，使得管理人员能够全面了解车辆的运行状态和性能。此外，物联网技术还使得车辆之间以及车辆与管理系统之间能够实现实时通信和信息共享，进一步提高了运输管理的效率和准确性。通过对大量运输数据的收集和分析，系统可以发现运输过程中存在的规律和趋势，从而优化运输路线和时间安排。例如，通过分析历史运输数据，系统可以预测不同时间段的交通状况和运输需求，制定最佳的运输路线和计划，避免交通拥堵和运输高峰，缩短运输时间，提高运输效率。同时，大数据技术还可以用于预测和预防车辆故障，减少运输过程中因车辆故障而导致的延误和成本增加。

通过实时监控和数据分析，系统可以合理安排运输车辆的调度和使用，避免资源浪费。例如，当某辆车辆完成运输任务并返回仓库时，系统可以立即分配新的运输任务，以确保车辆的高效利用。此外，系统还可以根据运输需求的变化，灵活调整运输计划和路线，提高运输的灵活性和响应速度。

## 三、机电信息技术在智能交通中的应用

### （一）智能交通信号控制

机电信息技术在智能交通信号控制系统中的广泛应用，为现代城市交通管理带来了显著改进。通过实时监测交通流量和交通状况，智能交通信号控制系统能够动态调整交通信号灯的时间配比。这种技术不仅优化了交通流，还提升了城市交通的整体管理水平。智能交通信号控制系统利用各种传感器和摄像头，实时收集交通流量、车速、车道占用率等数据。这些传感器分布在交通路口和主要道路上，通过无线网络将数据传输到中央控制系统。中央控制系统对数据进行分析和处理，实时监控交通状况。通过这种实时监测，系统能够迅速识别交通流量的变化和异常情况，为信号控制提供准确的决策依据。

智能交通信号控制系统通过复杂的算法和模型，动态调整交通信号灯的时间配比。传统的交通信号控制系统通常是基于固定时间的预设方案，无法适应实时变化的交通状况。而智能系统则能够根据实时数据，自动调整红绿灯的时长，优化交通流。例如，在高峰时段，系统可以延长主干道的绿灯时间；在低谷时段，则可以缩短绿灯时间，提高交叉口的通行效率。智能交通信号控制系统的动态调整能力，不仅减少了交通拥堵，还提高了道路通行

效率。通过优化信号灯的时间配比，车辆在交叉口的等待时间得以缩短，通行速度得以提高，从而减少了车辆的燃油消耗和尾气排放，具有显著的环保效益。此外，通过减少交通拥堵，智能交通信号控制系统还降低了交通事故的发生率，提高了道路的安全性。

通过长期的运行数据积累，系统能够学习和预测交通流量的变化规律，优化信号控制策略。这种自适应能力使得系统能够在各种复杂和动态的交通环境中保持高效运行。例如，在特殊天气条件下，系统可以根据交通流量的变化，自动调整信号灯的配时策略，保障道路的通行能力。智能交通信号控制系统的广泛应用，还促进了交通管理的信息化和智能化发展。通过与其他交通管理系统的联动，智能交通信号控制系统能够实现更加综合和高效的交通管理。例如，系统可以与智能停车管理系统、公共交通调度系统等进行数据共享和协同工作，提高整个城市交通系统的运行效率和服务水平。

### (二) 自动驾驶技术

自动驾驶技术是现代汽车工业的一项革命性进展，依赖于机电信息技术中的传感器、计算机控制和人工智能算法。通过这些先进技术的结合，自动驾驶车辆能够感知周围环境，进行智能决策和操作，从而显著提高驾驶的安全性和效率。自动驾驶车辆配备了多种传感器，如激光雷达、摄像头、超声波传感器和毫米波雷达等。这些传感器能够实时获取车辆周围的环境信息，包括道路状况、障碍物位置、交通标志和行人动态等。通过传感器的高精度感知，自动驾驶系统能够构建详细的环境模型，为后续的决策和操作提供可靠的数据支持。计算机控制系统是自动驾驶车辆的大脑。它负责接收和处理传感器数据，进行路径规划和决策，并控制车辆的运动。计算机控制系统通过复杂的算法，实时分析传感器数据，识别道路上的各种元素，如车道线、车辆、行人和障碍物等。基于这些分析结果，系统能够制定安全和高效的驾驶策略，控制车辆的加速、制动和转向，从而确保车辆在复杂的交通环境中安全行驶。

自动驾驶系统利用机器学习和深度学习算法，对海量的驾驶数据进行训练，不断优化和提升其决策能力。通过对历史数据的学习，系统能够识别各种驾驶场景和应对策略。例如，系统可以通过学习各种天气条件下的驾驶数据，优化在雨雪天气中的驾驶决策；通过学习不同交通流量下的驾驶数据，优化在高峰期的驾驶策略。人工智能算法的不断进步，使得自动驾驶系统能够应对越来越复杂和多变的交通环境。自动驾驶技术的应用不仅提高了驾驶的安全性，还显著提升了交通效率。自动驾驶车辆能够通过实时通信和协同工作，优化交通流量。例如，自动驾驶车辆可以通过车联网技术，与其他车辆和交通基础设施进行信息共享，实现车队编队和智能交通信号控制，从而提高道路通行能力和交通流畅性。此外，自动驾驶车辆的精确控制和优化驾驶策略，还能够减少燃油消耗和尾气排放，具有重要的环保意义。

### 四、机电信息技术在智能能源管理中的应用

#### （一）智能电网

智能电网利用物联网、大数据分析和人工智能等技术，实现了电力生产、传输和消费的智能化管理。智能电网通过实时监测电力需求和供给情况，优化电力分配，减少能源浪费，显著提升了电力系统的整体效能和可靠性。通过在电力系统的各个环节布置传感器和智能设备，物联网能够实时采集电力生产、传输和消费的数据。这些传感器包括智能电表、智能变压器和智能开关等，它们能够监测电流、电压、功率等关键参数，并将数据传输到中央控制系统。通过物联网技术，电力公司可以实时了解整个电力系统的运行状态，及时发现和解决潜在问题，以确保电力系统的稳定运行。

通过对大量的电力数据进行分析和处理，智能电网能够预测电力需求的变化趋势，优化电力生产和分配。例如，通过分析历史用电数据和实时用电数据，智能电网可以预测不同时间段的用电高峰和低谷，从而合理安排发电计划，避免电力过剩或不足。此外，大数据分析还可以用于检测电力系统中的异常情况，如设备故障、线路损坏等，通过及时预警和处理，减少电力系统的故障率和维护成本。传统电网由于缺乏实时监测和控制手段，往往存在电力分配不均和能源浪费的问题。例如，在用电高峰时段，智能电网可以优先保障重要用户的电力供应，同时合理调控其他用户的用电需求；在用电低谷时段，智能电网可以安排电力设备的维护和检修，减少对用户的影响。通过这种智能化的电力管理，智能电网能够有效减少能源浪费。

可再生能源如太阳能、风能等具有波动性和不稳定性的特点，给传统电网的管理带来挑战。智能电网通过实时监测和预测可再生能源的发电情况，能够优化电力系统的运行，平衡电力供需。例如，当太阳能发电量较高时，智能电网可以减少火力发电的负荷，充分利用清洁能源；当风能发电量不足时，智能电网可以及时调整电力分配，保障电力供应的稳定性。通过这种方式，智能电网有效促进了可再生能源的利用，推动了能源结构的优化和环保目标的实现。

## (二) 分布式能源管理

通过智能传感器和控制系统，分布式能源系统能够高效管理和利用太阳能、风能等可再生能源，推动能源的可持续发展。智能传感器在分布式能源系统中的应用，使得这些系统能够实时监测各种运行参数，包括发电量、设备状态、环境条件等。这些传感器能够精确采集和传输数据，为控制系统提供可靠的信息基础。控制系统通过接收传感器的数据，实时分析和优化能源生产和分配。例如，当太阳能发电系统检测到光照强度变化时，控制系统可以调整太阳能板的角度，最大化光能的捕获和转化效率。类似地，风能发电系统可以根据风速和风向的数据，调整风力发电机的运行状态，确保最佳的发电效果。

通过对大量历史数据和实时数据的分析，系统能够预测能源需求和供应的变化趋势，优化能源调度。例如，利用天气预报数据和历史发电数据，系统可以预测未来几天的发电量，并根据预测结果调整能源储备和分配策略。此外，人工智能算法可以学习和优化能源管理策略，提升系统的整体效率和稳定性。物联网技术使得分布在不同地点的能源设备能够实现互联互通，形成一个智能能源网络。通过这种网络，各个能源设备可以协同工作，共享数据和资源。例如，当一个区域的太阳能发电量不足时，系统可以从另一个区域调配风能资源，保障能源供应的稳定性。物联网技术的应用，不仅提高了分布式能源系统的灵活性和响应能力，还增强了其故障检测和故障恢复能力。

储能设备如电池和飞轮能够存储多余的电能，在能源供应不足时释放出来，平衡供需波动。智能控制系统通过实时监测储能设备的状态，优化充放电策略，确保储能系统的高效运行。例如，在光照强度较高的中午，太阳能发电量超过需求时，系统可以将多余的电能存储起来；在光照不足的晚上，系统可以利用储能设备提供电力，保障供电稳定。分布式能源管理系统的高效运行，不仅提高了可再生能源的利用率，还减少了对传统化石能源的依赖，推动了能源结构的优化和环境保护。通过智能传感器、控制系统、大数据和物联网技术的综合应用，分布式能源系统实现了对可再生能源的高效管理和利用，促进了能源的可持续发展。这些技术的进步，为构建绿色、智能、高效的能源体系提供了有力支持，也为全球能源转型和应对气候变化挑战作出了重要贡献。

## 五、机电信息技术在智能能源管理中的应用

### (一) 智能楼宇管理系统

智能楼宇管理系统利用传感器和计算机控制系统，对照明、空调、电梯等设施进行实时监控和调节，从而显著提高了建筑的能源效率和舒适性。传感器能够实时监测建筑内部的各种环境参数，如温度、湿度、光照强度和空气质量等。通过对环境参数的实时监控，系统能够根据预设的策略自动调节建筑内部的各种设施。例如，当传感器检测到室内温度过高时，系统会自动调节空调的运行状态，确保室内温度保持在舒适范围内；当传感器检测到光照强度不足时，系统会自动开启照明设备，提供适宜的光线条件。

计算机控制系统是智能楼宇管理系统的大脑。它通过接收传感器的数据，进行实时分析和决策，控制建筑内部的各种设施。计算机控制系统能够根据预设的程序和算法，自动调整照明、空调、电梯等设备的运行状态，确保建筑的高效运行和舒适环境。例如，在夜间或非工作时间，系统可以自动调低照明亮度和空调温度，减少能源消耗；系统可以优化电梯的运行策略，减少等待时间，提高电梯的运行效率。通过对照明、空调等设备的智能控制，系统能够显著减少能源浪费。例如，传统的空调系统通常需要人工调节，容易出现温度设置不合理、运行时间过长等问题，导致能源浪费。而智能楼宇管理系统能够根据实际需求和环境变化，自动调节空调的运行状态，确保能源的合理利用。此外，系统还能够通过对历史数据的分析，优化能源

使用策略，进一步提高能源利用效率。

智能楼宇管理系统不仅提高了能源效率，还显著提升了建筑的舒适性。通过对环境参数的实时监控和调节，系统能够为建筑内的人员提供一个舒适的工作和生活环境。例如，系统可以根据室内空气质量的变化，自动调节通风设备，提供清新空气；根据室内人员的活动情况，自动调整照明和空调设备，提供适宜的温度和光线条件。这种智能化的管理方式，不仅提高了建筑的舒适性，还增强了用户的满意度。通过对设备运行状态的实时监控，系统能够及时发现潜在故障和异常情况。例如，当系统检测到某台空调设备的运行参数异常时，可以自动通知维护人员进行检查和维修，以避免设备故障导致的能源浪费和不必要的损失。智能楼宇管理系统的故障检测和预警功能，提高了设备的可靠性和维护效率。

### （二）安防监控系统

现代建筑中，安防监控系统依赖于先进的机电信息技术，特别是传感器和计算机控制的应用。各类传感器，如红外传感器、摄像头、烟雾探测器等，能够实时监测建筑内外的环境变化和异常情况。通过这些传感器，系统可以快速捕捉到潜在的安全隐患，如入侵、火灾、烟雾等，并立即发出警报，提醒相关人员采取应对措施。计算机控制技术为安防监控系统提供了强大的处理能力和智能分析功能。现代安防监控系统不仅能实时采集和传输数据，还能通过计算机算法进行数据分析和处理。例如，图像识别技术可以识别和跟踪可疑人物或物体的移动轨迹，入侵检测算法能够判断是否存在非法入侵行为。这些智能分析功能大大提高了系统的反应速度和准确性，确保了建筑的安全性。

各个传感器和摄像头采集到的数据可以通过网络传输到中央控制室，供安保人员实时监控。同时，系统还可以与其他安全设备和系统联动，如门禁系统、报警系统和消防系统，形成一个综合性的安全防护网络。例如，当系统检测到火灾时，可以自动触发消防系统进行灭火，并同时向安保人员和消防部门发送警报信息。这种联动机制增强了建筑的整体安全防护能力。通过数据存储，系统可以保存监控视频和传感器数据，供事后分析和证据留存。例如，在发生安全事件后，安保人员可以调取相关监控视频，回溯事件发生的经过，找出问题的根源，并制定改进措施。这种数据存储和回溯功能不仅有助于提升安全管理水平，还能为法律取证提供有力的支持。

现代系统通常配备了图形用户界面，安保人员可以通过电脑、平板或手机等终端设备，直观地查看和管理监控数据。例如，通过触摸屏操作，安保人员可以实时切换监控画面、放大或缩小图像、设置报警参数等。这种友好的操作界面，提高了系统的易用性和管理效率，使安保工作更加便捷和高效。随着技术的发展和安全需求的变化，系统可以方便地进行升级和扩展。例如，可以根据实际需求增加更多的传感器和摄像头，或引入更先进的分析算法和功能模块。这种可扩展性和灵活性，确保了系统能够持续适应新形势下的安全需求，为建筑提供长期稳定的安全保障。随着物联网和人工智能技术的不断进步，安防监控系统将更加智能化和自动化。例如，未来的系统可能会具备自学习和自适应功能，能够根据环境和威胁变化，自动调整监控策略和报警参数，提供更精准和高效的安全防护服务。

## 六、机电信息技术在智能医疗中的应用

### (一) 医疗设备自动化

机电信息技术的应用极大地推动了医疗设备的自动化和智能化。例如，智能手术机器人能够辅助医生进行复杂的手术操作，提高了手术的精度和安全性。智能手术机器人的引入，使得许多复杂手术变得更加精准。医生可以通过控制台操作机器人进行手术，机器人具备高精度的机械臂和先进的影像系统，能够在微创手术中实现细致的操作，减少对患者组织的损伤，缩短恢复时间，提高手术成功率。现代监护设备能够实时监测患者的生命体征，如心率、血压、呼吸频率等，并将数据传输到中央监护系统进行分析和存储。智能监护系统不仅能够在出现异常情况时及时报警，还可以通过大数据分析，为医生提供更加全面的病情评估和治疗建议，提升医疗服务的质量和效率。

传统的药物分配通常依赖于人工操作，容易出现差错，影响患者的治疗效果。而自动化药物分配系统通过条码扫描和计算机控制，实现了药物的精准分配和记录，确保每一位患者都能得到准确的药物剂量和治疗方案。这不仅提高了药物管理的效率，还减少了药物错误的风险，保障了患者的用药

安全。放射治疗设备的自动化也极大地提高了治疗的精准度和安全性。现代放射治疗设备通过机电信息技术，能够实现对肿瘤的精准定位和剂量控制，减少对周围健康组织的损伤。例如，图像引导放射治疗（IGRT）和立体定向放射治疗（SBRT）等技术，通过实时影像监测和计算机控制，精确瞄准肿瘤区域，提供高效的放射治疗方案。

自动化实验室设备能够快速、准确地完成血液、尿液等样本的分析，提高了检验的效率和准确性。智能影像诊断设备，如 MRI、CT 等，通过先进的图像处理和人工智能算法，能够自动识别和分析病灶，为医生提供更加精准的诊断支持。这不仅加快了诊断速度，还提高了诊断的准确性，帮助医生制定更加有效的治疗方案。通过智能环境控制系统，手术室的温度、湿度、空气质量等参数可以实现自动监测和调节，确保手术环境的最佳状态，减少感染风险，提升手术安全性和效果。此外，手术过程中的数据记录和管理也实现了自动化，通过信息系统，手术数据能够实时记录并传输到医院的中央数据库，方便术后分析和管理。

### （二）远程医疗监控

通过物联网技术和智能传感器，远程医疗监控系统显著提升了患者健康状况的实时监测和管理能力。这些传感器可以佩戴在患者身上，持续监测心率、血压、血糖等重要生理指标，并将数据实时传输至医疗平台。医疗人员可以随时掌握患者的健康状态，及时发现异常情况并采取相应措施。物联网技术为远程医疗监控系统提供了强大的数据传输和处理能力。智能传感器采集到的健康数据可以快速传输到云端服务器，进行存储和分析。数据传输的高效性确保了医疗人员能够实时获取患者的最新健康信息，而数据分析功能则为诊疗提供了科学依据。例如，通过分析心电图数据，可以早期发现心脏疾病的风险，并及时进行干预和治疗。

远程医疗监控系统利用先进的数据分析技术，为患者提供个性化的诊疗建议。通过大数据和人工智能算法，系统能够对大量的健康数据进行深度分析，识别潜在健康问题，并生成个性化的健康报告和建议。例如，对于糖尿病患者，系统可以根据其血糖监测数据，提供饮食和用药建议，帮助患者更好地控制病情。这种个性化的健康管理，不仅提高了医疗服务的精准性，还增强了患者的依从性和满意度。对于居住在偏远地区或行动不便的患者，远程医疗监控提供了一种便捷的医疗服务方式，使他们无须频繁前往医院，即可享受高质量的医疗服务。例如，慢性病患者可以在家中通过远程医疗设备与医生进行视频会诊，接受专业的健康指导和随访服务。这种便捷的医疗服务模式，不仅节省了患者的时间和成本，还缓解了医疗资源的紧张状况。

系统可以设置健康警报，当监测到患者的健康指标异常时，立即向医疗人员和患者家属发送警报信息，提醒他们及时采取措施。例如，老年患者佩戴的紧急呼叫装置可以在跌倒或突发疾病时自动报警，医疗人员和家属可以迅速做出反应，提供必要的救助。这种及时的健康监控和响应机制，有助于降低突发健康事件的风险，保护患者的生命安全。通过远程监控和数据分析，医疗机构可以更加精准地了解患者的健康状况，合理安排医疗资源。例如，对于需要频繁监测的慢性病患者，可以通过远程监控系统进行常规监测，减少不必要的医院就诊次数，提高医疗资源的利用效率。同时，医生可以通过远程会诊系统为多个患者提供服务，扩大医疗服务的覆盖范围。

远程医疗监控系统的应用前景广阔，随着技术的不断进步，其功能和性能将进一步提升。未来，更多智能设备和先进算法将被引入远程医疗监控系统，提供更加全面和精准的健康监测和管理服务。例如，基于人工智能的预测模型可以提前预警疾病风险，提供个性化的健康干预方案，进一步提升医疗服务的质量和效果。

# 第三节　机电信息系统的构成与功能

## 一、机电信息系统的构成

### (一)传感器系统

传感器系统是机电信息系统的基础部分，负责实时采集各种物理量和环境参数。传感器种类繁多，包括温度传感器、压力传感器、加速度传感器、光电传感器等。它们能够将物理量转换成电信号，并传输到数据采集和处理系统，用于后续的分析和控制。

### (二) 数据采集与处理系统

数据采集与处理系统通过接口电路接收传感器传输的信号，并对这些信号进行滤波、放大、模数转换等处理。处理后的数据被传输到中央处理单元进行分析和存储。这一系统的核心是数据采集卡和处理器，它们决定了数据处理的速度和精度。

### (三) 控制系统

控制系统是机电信息系统的核心部分，负责根据处理后的数据进行决策和执行控制。该系统通常包括可编程逻辑控制器（PLC）、微控制器（MCU）和工业计算机等。控制系统通过执行预定的控制算法，对执行机构发出指令，实现对整个机电系统的精准控制。

### (四) 执行机构

执行机构接受控制系统的指令，执行具体的操作和运动。常见的执行机构包括电机、液压缸、气动执行器、步进电机和伺服电机等。这些执行机构通过精确的动作，完成生产过程中的各种任务，如搬运、加工、装配等。

### (五) 通信系统

通信系统在机电信息系统中起到连接各个子系统的作用，确保信息的及时传递和共享。常见的通信方式包括有线通信（如以太网、CAN 总线）和无线通信（如 Wi-Fi、蓝牙、Zig bee 等）。通信系统的性能和稳定性直接影响整个机电信息系统的效率和可靠性。

### (六) 人机界面 (HMI)

人机界面为操作人员提供与机电信息系统交互的平台，通常包括显示屏、触摸屏、键盘和指示灯等[①]。HMI 能够显示系统的运行状态、报警信息和操作提示，操作人员可以通过 HMI 输入指令、调整参数和监控系统运行。

---

① 李磊. 智慧供电系统在高速公路机电工程中的应用 [J]. 电子技术，2023，52（05）：184-185.

## （七）电源系统

电源系统为机电信息系统的各个部分提供稳定的电力供应，确保系统的正常运行。电源系统包括电源适配器、不间断电源（UPS）、电池组等。电源系统的设计须考虑负载需求、电压稳定性和电力冗余等因素。

## （八）软件系统

软件系统包括操作系统、控制软件、数据处理软件和通信软件等。软件系统通过编写和执行各种程序，实现对硬件设备的管理和控制。先进的软件技术如人工智能、机器学习和大数据分析在机电信息系统中得到广泛的应用，提高了系统的智能化和自动化水平。

## （九）维护与诊断系统

维护与诊断系统用于监控机电信息系统的运行状态，及时发现和诊断故障。通过传感器数据和历史记录，维护与诊断系统能够进行预测性维护，提高系统的可靠性和寿命。

## （十）安全系统

安全系统确保机电信息系统在运行中的安全性，防止人员伤害和设备损坏。安全系统包括紧急停止按钮、安全光栅、安全门开关和过载保护等装置。安全系统的设计须符合相关的安全标准和法规，以确保系统的安全运行。

## 二、机电信息系统的功能

### （一）数据采集与监测

通过传感器系统，实时获取各种环境参数和运行状态。数据采集与监测功能确保系统能够及时了解和记录设备的工作状况，为后续的分析和控制提供准确的基础数据。

## (二) 实时控制

通过数据处理和控制算法，系统能够对设备的运行进行实时调节，以确保各个部分按照预定的程序和参数运行。这一功能通过控制系统和执行机构实现，应用于工业自动化、机器人控制、数控机床等多个领域。

## (三) 状态显示与人机交互

通过人机界面（HMI），系统能够将设备的运行状态、报警信息和操作提示以直观的形式显示给操作人员。操作人员可以通过 HMI 输入指令、调整参数和进行操作，与系统进行互动和管理。

## (四) 数据存储与管理

机电信息系统能够对采集的数据进行存储和管理。系统会将实时监测数据、历史运行数据和故障记录等信息保存在数据库中，便于后续查询、分析和处理。数据存储与管理功能有助于进行长期的设备监控和运行分析，提升系统的管理水平。

## (五) 故障检测与诊断

通过实时监测设备的运行状态，系统能够及时发现异常情况和故障征兆，并进行诊断和报警。故障检测与诊断功能可以帮助操作人员迅速定位和解决问题，减少设备停机时间和维修成本。

## (六) 预测性维护

机电信息系统具备预测性维护功能，通过大数据分析和机器学习算法，对设备的运行数据进行预测和分析，提前发现潜在的故障风险。预测性维护能够在故障发生之前进行预防性维护，减少设备的突发故障，降低维护成本。

## (七) 自动化与智能化操作

系统能够实现高度自动化与智能化操作。通过预设的控制程序和智能算法，系统能够自动执行复杂的操作任务，如自动加工、装配、检测等。智能化操作功能提升了生产效率和产品质量，减少了人工干预，适用于工业生产和制造领域。

### （八）能源管理与优化

机电信息系统具备能源管理与优化功能，能够实时监测和控制能源的使用情况。通过优化设备的运行参数和生产流程，系统可以提高能源利用效率，降低运行成本。能源管理与优化功能在绿色制造和节能减排方面发挥重要作用。

### （九）远程监控与管理

远程监控与管理功能使得操作人员可以通过网络对系统进行远程监控和操作。无论身处何地，管理人员都可以实时查看设备的运行状态，进行远程诊断和维护。远程监控与管理功能提升了系统的灵活性和响应速度，适用于分布式生产和管理场景。

### （十）安全保障与应急处理

系统具备安全保障与应急处理功能，能够实时监测和控制安全相关的参数，确保系统在异常情况下迅速采取应急措施。包括紧急停止、安全报警、故障隔离等功能，保障操作人员和设备的安全，减少事故发生。

# 第四节  机电信息技术的未来发展

## 一、智能化升级

未来，机电信息技术将进一步向智能化方向发展。人工智能（AI）和机器学习（ML）技术的深度应用将使系统具备更强的自学习、自适应和自主决策能力。智能化升级将推动机电系统在更复杂的环境中实现更高效、更精准地操作，并提升整体性能和效率。

## 二、物联网（IoT）与工业互联网的融合

物联网和工业互联网的广泛应用将进一步推动机电信息技术的发展。通过将大量设备和系统互联互通，实现数据的实时共享和协同工作，提升整个生产和管理系统的智能化水平。未来，工业互联网平台将成为机电信息技术的重要支撑，促进跨设备、跨系统的综合管理和优化。

## 三、云计算与边缘计算

云计算和边缘计算的结合将极大地增强机电信息系统的数据处理能力。云计算提供强大的计算资源和存储能力，使得大规模数据的处理和分析成为可能；边缘计算则在靠近数据源的地方进行实时数据处理，降低延迟，提升响应速度。两者的结合将使机电信息系统在处理海量数据时更加高效和灵活。

## 四、数字孪生技术

数字孪生技术将成为未来机电信息技术发展的重要方向。通过建立物理设备和系统的数字模型，实时同步和仿真实际运行状态，数字孪生技术能够提供精准的预测分析和优化方案[1]。数字孪生技术的应用将显著提高系统的设计、运行和维护效率，降低成本和风险。

## 五、5G 通信技术的应用

5G 通信技术的广泛应用将为机电信息系统带来革命性的变化。5G 技术提供高速率、低延迟和大连接的通信能力，使得设备间的数据传输更加快速和可靠。未来，5G 技术将推动工业自动化、智能制造和远程控制等领域的深度发展，提升机电信息系统的整体性能。

## 六、增强现实（AR）和虚拟现实（VR）技术

AR 和 VR 技术的应用将为机电信息技术的发展提供新的可能。通过

---

[1] 王锐. 高速公路机电工程供配电施工技术及质量控制 [J]. 工程机械与维修，2023（04）：108-110.

AR 技术，操作人员可以实时获取设备运行状态和操作指导，提高操作的准确性和效率；通过 VR 技术，可以进行虚拟仿真和培训，提升设备设计和操作的安全性。AR 和 VR 技术将为机电信息系统提供更直观和高效的交互方式。

## 七、可持续发展与绿色技术

未来的机电信息技术将更加注重可持续发展和绿色技术的应用。通过优化能源管理和提高资源利用效率，减少对环境的影响。可再生能源、低碳技术和循环经济理念将被更多地融入机电信息系统中，推动工业和社会的可持续发展。

## 八、网络安全与数据保护

随着机电信息技术的广泛应用，网络安全和数据保护将成为未来发展的重点。通过完善的数据保护机制，保障数据的隐私和安全。未来，机电信息系统将更加注重构建安全、可靠的网络环境，防范各种网络威胁和攻击。

# 第二章 机电信息系统设计与实现

## 第一节 机电信息系统设计原则与方法

### 一、机电信息系统设计原则

#### (一) 功能性原则

设计机电信息系统时，必须确保系统能够全面满足预期的功能需求。系统功能设计应涵盖数据采集、处理、控制、监测和反馈等各个方面，以确保系统在实际应用中能够高效、可靠地运行。

#### (二) 可扩展性原则

系统设计应考虑未来的扩展需求。通过模块化设计和标准化接口，系统可以方便地进行功能扩展和升级，适应技术进步和应用需求的变化。可扩展性设计确保系统具有长久的生命力和适应性。

#### (三) 可靠性原则

可靠性是机电信息系统设计的核心原则。系统必须在各种工作环境下保持稳定运行，避免因故障导致的停机和损失[1]。机电信息系统的可靠性通常需要通过冗余设计、健全的容错机制和严密的测试与验证等方式来实现。

#### (四) 易维护性原则

系统设计应注重简化维护和管理工作。通过模块化设计、统一接口和友好的人机界面，便于操作人员进行系统的维护和管理。易维护性设计可以减少维护成本，提高系统的运行效率。

---

[1] 孙健.BIM技术在高速公路机电工程中的应用[J].电子技术，2023，52(11)：72-73.

### (五) 安全性原则

系统设计必须包含全面的安全防护措施，防止未经授权的访问和操作，保护系统数据的完整性和保密性。通过安全认证、加密技术和防火墙等手段，提升系统的安全等级。

### (六) 兼容性原则

系统设计应考虑到与其他设备和系统的兼容性，确保能够与现有和未来的技术和设备无缝集成。通过采用标准化协议和接口，系统可以与其他系统实现互联互通，提升整体协同工作效率。

### (七) 高效性原则

高效性设计原则要求系统在资源利用、数据处理和控制执行等方面具有高效性。通过优化算法、合理分配资源和高效的硬件设计，确保系统能够在最短的时间内完成数据处理和控制任务，提高整体运行效率。

### (八) 人性化原则

人性化设计原则注重用户体验和操作便利性。通过友好的人机界面、直观的操作流程和清晰的反馈信息，系统可以提升用户的操作效率和满意度。人性化设计还应考虑到不同用户的操作习惯和需求，提供个性化的操作选项。

### (九) 经济性原则

在保证系统功能和性能的前提下，经济性原则要求优化系统的成本效益比。通过合理选择硬件和软件方案，降低系统的开发和维护成本，提高经济效益。同时，应考虑到系统的节能环保特性，降低运行成本和对环境的影响。

### (十) 灵活性原则

系统设计应具有灵活性，能够适应不同的应用环境和工作条件。通过灵活配置和调整，系统可以快速响应外部环境的变化，保持高效稳定地运行。

灵活性设计还包括对不同用户需求的适应能力，提供多样化的解决方案。

## 二、机电信息系统设计方法

### (一)需求分析

通过与客户和最终用户的沟通，了解系统需要实现的功能和性能要求。分析需求时应考虑各个方面，包括数据采集、处理、控制、监测和反馈等，明确系统的目标和约束条件，为后续的设计工作奠定基础。

### (二)系统架构设计

确定系统的整体结构，划分系统的各个子系统和组件。系统架构设计应包括硬件架构和软件架构，明确各个部分的功能、接口和交互关系，以确保系统的整体性和协调性。

### (三)模块化设计

模块化设计方法通过将系统功能分解为若干独立的模块，使得每个模块具有明确的功能和接口。模块化设计便于系统的开发、调试、维护和升级，提高系统的可扩展性和灵活性。每个模块可以独立开发和测试，以确保其功能的可靠性。

### (四)硬件设计

在系统架构和模块化设计的基础上，进行详细的硬件设计。选择合适的传感器、控制器、执行机构和通信设备等硬件组件。硬件设计应考虑性能、成本、可靠性和兼容性等因素，以确保硬件组件满足系统的需求。

### (五)软件设计

软件设计包括操作系统、应用软件和控制算法等。通过编写程序，实现系统的数据采集、处理、控制和监测等功能。软件设计应注重代码的可维护性和可扩展性，使用模块化和面向对象的编程方法，提高软件的质量和效率。

### (六) 系统集成

将各个模块和组件集成到整体系统中。系统集成是将设计的各个模块和硬件组件集成到一个完整的系统中。集成过程中，需要进行接口对接和通信测试，确保各个模块和组件能够正确协同工作。系统集成还包括对软硬件的联合调试和优化，以确保系统整体功能和性能的实现。

### (七) 测试与验证

系统设计完成后，需要进行全面的测试和验证。测试包括功能测试、性能测试、可靠性测试和安全性测试等。通过模拟实际应用环境，验证系统是否满足设计需求和性能指标。测试过程中，应记录和分析测试结果，发现并解决系统中的问题。

### (八) 迭代开发

在系统开发过程中，采用迭代开发的方法，通过不断反馈和改进，逐步优化系统设计。每一次迭代都包括需求分析、设计、实现和测试等步骤，通过逐步完善系统功能和性能，提高系统的质量和用户满意度。

### (九) 文档编制

在系统设计过程中，编制详细的设计文档和操作手册。设计文档包括系统架构、模块设计、硬件选型、软件实现等内容，操作手册包括系统的安装、配置、使用和维护方法。文档编制有助于系统的开发、维护和管理，提升系统的可操作性和可维护性。

### (十) 维护与支持

系统投入使用后，需要进行定期的维护和技术支持。维护工作包括系统监测、故障排除、性能优化和软件升级等，以确保系统长期稳定运行。同时提供技术支持，解决用户在使用过程中遇到的问题，提高用户的满意度和系统的可靠性。

# 第二节　机电信息系统的硬件设计

## 一、传感器选型

在硬件设计中，传感器选型是首要步骤，它决定了系统能够实时采集各种环境参数和物理量的能力。不同类型的传感器，如温度传感器、压力传感器、光电传感器和加速度传感器，应用于不同的测量场景。选用适合的传感器，必须综合考虑其精度、响应速度、工作范围和可靠性，以确保数据采集的准确性和稳定性。高精度传感器能够提供更准确的测量数据，对于要求精确控制和监测的系统尤为重要。精度的选择应根据具体应用场景的需求来确定，过高的精度可能会增加系统成本，而过低的精度则可能无法满足系统的性能要求。

响应速度决定了传感器能够多快地反映环境变化，对于动态监测系统和快速控制系统，响应速度尤为重要。例如，在自动化控制系统中，传感器需要快速响应以确保控制系统能够及时调整和反应，避免因延迟导致的控制失误。传感器的工作范围应覆盖预期的测量范围，以确保在各种工作条件下能够正常工作。例如，温度传感器应能够在预期的最低和最高温度范围内准确测量，压力传感器应能够承受预期的最大压力而不损坏。高可靠性的传感器能够在长时间工作中保持稳定的性能，不受环境变化和长期使用的影响。可靠性的评估可以通过查看传感器的使用寿命、故障率以及厂商的信誉和售后服务等方面进行。

## 二、数据采集模块

数据采集模块占据了重要位置，其主要职责是将传感器采集到的模拟信号转换为数字信号，并进行预处理。数据采集电路设计的核心步骤包括信号调理、滤波、放大和模数转换（ADC），这些步骤的有效实施能确保信号的正确传输和处理。传感器输出的信号往往具有不同的电平和形式，因此需要通过信号调理电路将其标准化。例如，热电偶传感器输出的微伏级信号需要经过放大才能进行后续处理，而电容式传感器输出的信号可能需要经过平衡调整。信号调理过程包括增益调整、信号平衡和偏移校正，以确保信号能够被后续的滤波和放大电路有效处理。

滤波电路用于去除信号中的高频噪声和干扰，以保证信号的纯净性和稳定性。常见的滤波器有低通滤波器、高通滤波器、带通滤波器和带阻滤波器。选择适当的滤波器类型和参数，可以有效地过滤掉不需要的噪声成分，只保留有用的信号部分[①]。滤波过程对提高数据采集的准确性和可靠性至关重要。许多传感器输出的信号强度较弱，需要经过放大才能达到模数转换器（ADC）的输入电平。放大电路的设计需要考虑增益、线性度和带宽等因素，确保放大的信号既保持原有特性，又能充分利用 ADC 的输入范围。高精度的运算放大器常用于此环节，以确保放大过程中的信号完整性和稳定性。

模数转换（ADC）负责将处理过的模拟信号转换为数字信号，以便于计算机和数字控制器进行处理。ADC 的分辨率和采样率是其主要参数，直接影响数字信号的精度和实时性。高分辨率的 ADC 可以提供更精细的数字化信号，而高采样率则确保快速变化的信号能够被准确捕捉。接口需要与传感器和控制器相匹配，以确保信号能够正确传输和处理。常见的接口类型包括I2C、SPI、UART 和模拟输入接口等。接口设计不仅要考虑物理连接的匹配性，还要保证数据传输的稳定性和效率。选择合适的接口协议和电路设计，可以减少信号传输过程中的干扰和数据丢失。

## 三、控制器选型

控制器负责处理采集到的数据并执行相应的控制命令，常用的控制器包括可编程逻辑控制器（PLC）、微控制器（MCU）和嵌入式系统等。选择合适的控制器须考虑系统的复杂性、控制精度、响应速度等要求，确保其具备足够的处理能力和扩展性。PLC 以其稳定性和可靠性著称，适用于复杂的工业控制系统。PLC 具有强大的处理能力和多样的输入输出接口，能够满足高精度、高可靠性的控制需求。此外，PLC 编程语言如梯形图（Ladder Diagram）使得系统编程和维护相对简便，适合在需要高可靠性和长时间稳定运行的工业环境中使用。

微控制器（MCU）集成了处理器、存储器和多种外设，广泛应用于消费

①宋勇. 基于 BIM 的高速公路机电工程进度管理系统研究 [J]. 中国设备工程，2023（15）：213−215.

电子、家用电器和嵌入式系统等领域。MCU 的优点在于其低功耗、高集成度和成本效益。不同型号的 MCU 提供了不同的性能和功能，开发者可以根据具体需求选择合适的 MCU。例如，对于需要高精度控制的系统，可以选择具备高分辨率 ADC 和高精度定时器的 MCU；对于低功耗应用，可以选择低功耗设计的 MCU。嵌入式系统通常基于微处理器或系统级芯片（SOC），集成了强大的处理能力和丰富的外设接口。嵌入式系统适用于复杂的控制任务，如图像处理、数据分析和通信等。其高性能处理能力和灵活的系统设计，使得嵌入式系统在工业自动化、智能家居、医疗设备等领域有广泛的应用。开发者可以根据系统需求选择适当的嵌入式平台，如 ARM Cortex 系列处理器、FPGA 等。

对于简单的控制任务，低成本的 MCU 可能已经足够；而对于复杂的自动化系统，PLC 或高性能的嵌入式系统可能更为合适。控制精度和响应速度也是选型的重要参数。高精度控制要求控制器具有高分辨率的输入输出接口和精确的定时控制能力；快速响应要求控制器能够快速处理数据和执行控制命令。随着系统需求的不断变化和扩展，控制器需要具备足够的扩展能力，如增加新的传感器、执行机构或通信接口等。选择具备良好扩展性的控制器，可以提高系统的灵活性和可维护性，延长系统的使用寿命。

## 四、执行机构设计

执行机构在机电信息系统中承担着将控制系统的指令转化为实际操作的任务。常见的执行机构类型包括电机、液压缸、气动执行器、步进电机和伺服电机等。设计执行机构时，需要综合考虑负载需求、控制精度、响应速度和工作环境，以确保其能够稳定、可靠地运行。执行机构必须能够承受并驱动预期的负载，包括静态负载和动态负载。例如，执行机构需要驱动机械臂进行各种复杂动作，必须选择能够提供足够扭矩和功率的电机或液压缸。负载需求的评估还包括考虑摩擦、惯性和外部干扰等因素，确保执行机构在各种工作条件下都能可靠运行。

高精度控制要求执行机构具备精确的位置、速度和力矩控制能力。步进电机和伺服电机常用于需要高精度控制的场合，步进电机通过细分步距角实现精确定位，而伺服电机则通过闭环控制系统实现高精度和高动态性能。

在选择和设计执行机构时，需要根据应用场景的精度要求，选择适当的控制方式和反馈机制，以确保系统的整体精度。快速响应的执行机构能够更及时地执行控制命令，提高系统的动态性能和响应能力。例如，执行机构需要快速响应以实现高速的生产操作，伺服电机由于其高动态响应性能，通常是这种应用的首选。液压缸和气动执行器在一些需要大力矩和快速响应的应用中也具有优势。

执行机构可能需要在各种不同的环境条件下工作，包括高温、低温、高湿度、粉尘和腐蚀性环境等。选择适合工作环境的执行机构材料和防护措施，能够确保其在恶劣条件下长期稳定运行。例如，在高温环境中，选择耐高温材料和良好的散热设计可以提高执行机构的可靠性和寿命；在腐蚀性环境中，采用防腐涂层和密封设计可以有效防止执行机构受损。电机是最常见的执行机构之一，广泛应用于各种工业和消费类设备中。根据具体需求，可以选择直流电机、交流电机、步进电机或伺服电机。直流电机和交流电机适用于一般的驱动任务，而步进电机和伺服电机则适用于需要精确控制和快速响应的应用。液压缸和气动执行器常用于需要大力矩或直线运动的应用中。液压缸通过液压油传递力，具有高力矩和高刚性的特点，适用于重型机械和设备。气动执行器则通过压缩空气传递力，具有快速响应和安全性的优点，广泛应用于轻型机械和自动化设备中。

## 五、通信接口设计

通信接口设计在机电信息系统中至关重要，因为它确保了系统各部分之间能够有效地进行数据交换和协同工作。常见的通信接口类型有串口（UART）、以太网、CAN 总线、I2C 和 SPI 等。选择合适的通信接口时，应综合考虑数据传输速率、传输距离和工作环境等因素，以确保通信的可靠性和实时性。串口（UART）是一种常见的通信接口，广泛应用于短距离、低速率的数据传输。UART 接口具有简单、成本低、易于实现的优点，适用于微控制器与传感器、执行机构等设备之间的通信。在设计中，必须配置合适的波特率、校验方式和数据位长度，以确保数据传输的准确性和稳定性。

以太网是一种高速通信接口，适用于需要大数据量传输和长距离传输的应用场景。以太网接口具有高带宽、低延迟、强抗干扰能力等优点，广泛应用于工业自动化、智能楼宇和网络控制系统中。通过使用以太网交换机和路由器，可以实现多设备间的互联互通，构建高效的网络通信平台。在设计以太网通信时，需要考虑网络拓扑、带宽需求和 IP 地址配置等因素，以确保网络的可靠性和实时性。CAN 总线是一种专为汽车和工业控制设计的通信接口，具有高抗干扰能力和实时性强的特点。CAN 总线支持多主模式，允许多个节点同时通信而不会发生冲突，非常适用于复杂的分布式控制系统。CAN 总线接口的设计需要考虑总线负载、波特率和节点数等因素，以确保总线通信的稳定性和实时性。

I2C 和 SPI 是两种常用的短距离、低速率通信接口，广泛应用于芯片间通信和传感器接口。I2C 接口采用两线制（数据线和时钟线）通信，具有简单、易于扩展的优点，适用于低速率、多设备的通信场景。SPI 接口则采用四线制（数据输入、数据输出、时钟和片选）通信，具有高速率、全双工传输的特点，适用于高数据率、低延迟的通信需求。在设计 I2C 和 SPI 通信时，需要配置正确的时钟频率、数据格式和通信协议，以确保数据传输的可靠性和准确性。此外，选择通信接口时还需考虑工作环境的要求。例如，在高干扰环境中，需要选择抗干扰能力强的接口类型，如 CAN 总线或以太网；在长距离传输中，需要选择支持远距离通信的接口，如以太网或光纤通信。对于需要高实时性的应用，应选择具有低延迟特性的接口，如 SPI 或 CAN 总线。

## 六、电源设计

电源系统是机电信息系统的重要组成部分，负责为各个部件提供所需的电力。电源设计需要综合考虑多种因素，包括电源适配器、直流电源、不间断电源（UPS）和电池组等。电源适配器主要负责将交流电转换为设备所需的直流电，其选择应根据设备的功率需求和电压要求进行精确匹配。直流电源则直接为设备提供稳定的直流电压，通常用于对电压稳定性要求较高的设备。UPS 能够在主电源故障时提供临时电力，确保系统的连续运行，从而避免因电力中断造成的数据丢失或设备损坏。选择合适的 UPS 容量和类型，能有效提升系统的可靠性。电池组则为系统提供备用电源，通常在 UPS 中作为储能单元使用，确保在长时间断电的情况下，系统依然能够运行。

在设计电源系统时，稳定的电压和电流输出是基本要求。为此，需要采用多种技术手段，例如，滤波电路和稳压电路，以减少电源波动对系统的影响。同时，过载保护也是电源设计中的重要环节。当系统超出额定负载时，过载保护机制能够自动切断电源，防止设备因过载而损坏。通过增加冗余电源，可以在主电源故障时迅速切换到备用电源，以避免系统停机。冗余设计不仅包括电源设备的冗余，还应涵盖电源线路的冗余设计，以确保任何单点故障不会影响系统的整体运行。

## 七、电路保护设计

当电流超过设定值时，过流保护装置能够迅速切断电源，防止电流过大对设备造成损害。常见的过流保护元件包括保险丝和断路器。保险丝在电流过大时会熔断，断路器则可以重复使用，且在过流时能自动断开电路。过压现象可能会导致设备内部元件损坏或性能下降，甚至引发火灾等严重事故。为防止过压情况的发生，通常采用压敏电阻（MOV）等元件进行过压保护。压敏电阻在电压过高时会迅速降低电阻值，从而吸收过量的电压，保护电路免受损害。

短路现象会导致电流急剧增大，可能引发设备损坏或火灾。断路器和保险丝是常用的短路保护元件，当检测到短路时，这些元件会迅速切断电路，从而保护系统。现代智能断路器还能够提供更精确的保护，通过监测电流和电压变化，实现快速响应。雷击会引发强大的瞬态过电压，可能对电子设备造成严重损害。为防止雷击带来的损害，通常在电路中安装电涌保护器（SPD）。电涌保护器在检测到雷击产生的瞬态过电压时，会迅速导通，将过电压引导至地，从而保护设备免受雷击影响。

## 八、硬件集成与布局

在硬件集成和布局设计时，电磁兼容性（EMC）是一个必须优先考虑的因素。电磁干扰（EMI）会影响系统的正常工作，甚至导致故障。因此，通过合理的布局设计，减少电磁干扰的影响至关重要。屏蔽材料的使用和关键组件的合理分布，能够有效降低电磁干扰，提高系统的电磁兼容性。电子设备在运行过程中会产生大量热量，如果不及时散热，可能会导致设备过热，影响其性能和寿命。合理的散热设计，包括散热片、风扇和液冷系统等的配置，可以确保设备在适宜的温度范围内运行,进而提高系统的可靠性和稳定性。

抗干扰能力是硬件集成与布局设计中的一个关键考量。外部环境中的电磁波、静电放电(ESD)和电源波动等因素,都可能对系统产生干扰。通过增加滤波器、电磁屏蔽和接地措施,可以有效提高系统的抗干扰能力,确保系统在复杂环境中依然能够稳定运行。紧凑的结构设计不仅可以节省空间,还能减少信号传输距离,从而降低信号衰减和延迟。同时,紧凑的设计有助于减少材料和制造成本,提高系统的经济性。在布局设计中,应合理安排各个组件的位置,确保其功能和性能能够得到充分发挥。合理的布局设计可以提高系统的可维护性,方便维修和升级。通过模块化设计和易于访问的组件安排,可以减少维护时间和成本,提高系统的可用性和可靠性。

### 九、散热设计

系统在运行过程中会产生大量热量,如果不及时有效地将热量散发出去,可能导致设备过热,进而影响其性能和寿命。为此,散热设计需要采用多种手段,确保系统能够在规定的温度范围内稳定运行。风扇是最常见的散热手段,通过强制空气对流将系统内部的热量带走。风扇散热的优点在于其简单高效,能够迅速降低设备温度。然而,风扇的选择和布局需要科学设计,以避免风道不畅或风扇噪声过大影响系统的运行环境。散热片是另一种常用的散热手段,其工作原理是通过增大散热表面积来提升热量的传导和散发效率。通常将散热片安装在热源上,使热量迅速传导到散热片表面,再通过自然对流或辅助风扇将热量散发出去。散热片材质的选择(如铝、铜)和结构设计(如鳍片密度和形状)都对散热效果有重要影响。

液冷系统通过冷却液在散热管道内循环,将热量从热源带走,然后通过散热器将热量释放到环境中。液冷系统的优点在于其散热效率高,能够有效应对高功率设备的散热需求,且运行噪声较低。然而,液冷系统的设计和维护相对复杂,需要考虑冷却液的选择、管道布局和防漏措施等。在散热设计中,合理的布局和材料选择也至关重要。例如,将发热量大的元件分散布置,避免热源集中;使用导热性能良好的材料(如导热硅胶、热管)提高热量传导效率。热管是一种高效的导热元件,利用相变原理在两端之间传导热量,其应用可以显著提升散热性能。

### 十、对硬件进行全面的测试与验证

在硬件设计完成后，进行全面的测试与验证是确保系统功能和性能满足设计要求的关键步骤。功能测试是硬件测试的基础环节，通过验证各个部件和整体系统的功能是否正常，确保系统能够按照预期工作。功能测试包括对电路的基本操作、输入输出信号的正确性以及各个模块间的协调工作进行检查。通过性能测试，可以评估硬件在不同工作负载下的响应速度、处理能力和效率等指标。这些测试通常在模拟真实工作环境的条件下进行，以确保系统在实际应用中能够达到预期的性能水平。性能测试还包括对系统的功耗、发热量和运行稳定性的评估。

环境测试包括温度、湿度、震动、冲击等多种测试项目，以模拟硬件在极端环境下的工作状态。通过这些测试，可以发现系统在特定环境条件下的潜在问题，并进行相应的优化和改进，确保系统在不同环境下的稳定运行。通过对硬件进行长时间的持续运行测试，评估其在长期使用中的可靠性和耐久性。可靠性测试包括加速寿命测试、疲劳测试和故障率分析等，可以发现硬件在长期使用中的潜在问题，并进行改进，以提高系统的可靠性和使用寿命。

通过全面的测试与验证，能够发现设计中的不足和潜在问题，并进行及时修正和优化。这不仅能够提高系统的稳定性和可靠性，还能确保其在实际应用中的性能和功能符合设计要求。测试与验证的过程需要严格按照标准和规范进行，确保测试结果的准确性和可靠性。

# 第三节　机电信息系统的软件开发

## 一、软件需求分析

### （一）需求收集与分析

通过与用户和各利益相关者沟通，详细收集机电信息系统的功能和性能需求。分析需求的可行性，明确系统需要实现的各项功能和性能指标。

## （二）需求文档编写

将需求进行结构化整理，编写需求规格说明书（SRS）。确保需求文档的清晰、完整和可验证性，为后续开发提供明确的指导。

## 二、软件设计

### （一）系统架构设计

设计系统的整体架构，确定各个模块及其交互方式。选择合适的架构模式（如 MVC、微服务等）以满足系统的功能需求和性能要求。

### （二）模块设计

对系统进行模块化设计，确保各模块功能明确，接口清晰。使用 UML 图（如类图、序列图）进行模块设计的可视化展示和沟通。

### （三）数据库设计

根据系统需求，设计数据库结构，包括表的定义、字段类型、关系等。考虑数据一致性、完整性和访问效率，选择合适的数据库管理系统。

## 三、软件开发

### （一）编码与实现

根据设计文档进行代码编写，确保代码的质量和可维护性。采用合适的编程语言和开发框架（如 Java、Python、C++），并遵循编码规范。

### （二）版本控制

使用版本控制系统（如 Git）进行代码管理，跟踪代码变更和版本发布。定期进行代码审查，确保代码的一致性和质量。

## 四、软件测试

### (一) 单元测试

对各个模块进行单元测试，验证其功能的正确性。编写测试用例，使用自动化测试工具提高测试效率[1]。

### (二) 集成测试

在各模块集成后进行集成测试，确保模块间的交互正确无误。通过模拟真实使用场景，发现并解决潜在的问题。

### (三) 系统测试

对整个系统进行全面测试，包括功能测试、性能测试和安全性测试。使用测试报告记录测试结果和发现的问题，进行相应的修正和优化。

## 五、软件部署与维护

### (一) 部署计划

制订详细的部署计划，确保软件能够顺利安装和运行。准备部署环境，包括硬件配置、操作系统、必要的依赖等。

### (二) 运行监控与维护

部署后进行系统的运行监控，及时发现和处理异常情况。定期进行系统维护和更新，确保系统的稳定性和安全性。

### (三) 用户培训与支持

为用户提供系统使用培训，编写用户手册和技术文档，提供技术支持和售后服务。

---

① 王康. 高速公路交通机电设备的维护措施分析 [J]. 电子技术，2023，52(06)：234-235.

# 第四节　机电信息系统的集成与测试

## 一、机电信息系统的集成

### (一)硬件集成

硬件集成是机电信息系统集成的基础环节,包括传感器、执行器、控制器等关键硬件设备的有机结合。传感器作为信息采集的前端设备,能够实时监测环境和设备的状态,将物理量转换为电信号。通过标准化接口,传感器的数据可以方便地传输到控制系统,实现实时监控和反馈。执行器作为系统的动作执行单元,接收控制器的指令,执行相应的操作,如调节阀门、驱动电机等。执行器的高效运行直接影响系统的整体性能,因此在硬件集成过程中,执行器的选型和接口设计至关重要。控制器作为系统的核心控制单元,通过算法和逻辑判断,协调传感器和执行器的工作,实现系统的自动化控制。控制器的设计和配置必须兼顾灵活性和扩展性,以适应不同的应用需求[①]。

硬件集成的核心在于实现各设备间的无缝连接和协同工作。标准化接口和协议的采用,能够有效解决设备间的兼容性问题,简化系统集成的复杂性。常见的标准化接口包括 RS-232、RS-485、CAN 总线等,这些接口广泛应用于工业控制领域,具有较高的可靠性和传输效率。同时,标准化协议如 Modbus、Profibus、Ether CAT 等,提供了统一的数据传输和通信机制,确保不同设备之间能够顺畅地交换信息。在具体的硬件集成过程中,需要充分考虑各设备的电气特性、通信速率和数据格式等因素,确保系统的稳定性和可靠性。

为了实现硬件的有效集成,必须进行全面的系统规划和设计。合理的硬件布局和布线能够减少信号干扰,提升系统的整体性能。模块化设计是硬件集成的一种有效方法,通过将系统分解为若干功能模块,各模块之间通过标准接口连接,既简化系统设计,又便于维护和升级。冗余设计是提高系统

---

① 高宇,姚鹤林,蔡宇婷,等.元宇宙背景下的校园文创产品设计探索 [J].文化创新比较研究,2023,7(01):119-122.

可靠性的重要手段，通过增加备份设备和通道，可以有效应对设备故障和意外情况，保证系统的连续运行。

在实际应用中，硬件集成还需要充分考虑环境因素，如温度、湿度、振动等。特殊环境下，设备需要具备相应的防护能力，如防水、防尘、防震等，以确保系统的正常运行。同时，硬件的选型应优先考虑低功耗和高效能，以减少能源消耗和运行成本。此外，随着信息技术的发展，智能硬件逐渐成为硬件集成的重要组成部分。智能传感器和执行器具备数据处理和通信能力，可以独立完成部分控制任务，减轻控制器的负担，提高系统的智能化水平。

### （二）软件集成

软件集成是机电信息系统集成的关键环节，涵盖操作系统、应用软件和数据库等各类软件的有机融合。操作系统作为系统的基础平台，负责管理硬件资源和提供基本服务，为应用软件的运行提供稳定的环境。常见的工业操作系统如 Windows Embedded、Linux 等，不仅具备稳定性和安全性，还提供了丰富的开发接口，便于应用软件的开发和集成。通过软件平台，各类应用软件能够协同工作，实现功能的综合利用。例如，在工业控制系统中，SCADA 软件、PLC 编程软件和 HMI 界面软件需要紧密配合，通过数据共享和功能互调，保证生产过程的高效运行。中间件作为软件集成的重要工具，充当不同软件系统之间的桥梁，负责数据传输和协议转换，确保不同软件系统之间的数据交换和功能调用顺畅进行。常见的中间件技术如消息队列、服务总线等，通过标准化的通信协议，实现了异构系统的无缝连接。

数据库在软件集成中同样扮演着重要角色，负责数据的存储、管理和查询。集成系统需要处理大量的数据，数据库的性能和稳定性直接影响到系统的整体表现。通过数据库管理系统（DBMS），可以实现数据的集中管理和高效查询，支持实时数据的读取和写入。在软件集成过程中，数据库的设计需要充分考虑数据的结构化和非结构化特点，确保数据存储的灵活性和查询的高效性。为了实现软件的有效集成，需要构建统一的软件平台，通过标准接口和协议，实现不同软件系统之间的无缝连接。基于 SOA（面向服务的架构）的软件平台，可以将各类应用功能封装成独立的服务，通过服务总线进行管理和调用，提升系统的灵活性和可扩展性。微服务架构是近年来兴起的一种软件集成方式，通过将应用拆分为多个独立的服务单元，每个单元负责特定功能，相互之间通过轻量级通信协议进行协作。这样的架构不仅简化了系统的开发和维护，还增强了系统的弹性和容错能力。

项目管理在软件集成中至关重要，通过科学的规划和严格执行，确保集成过程有序推进。版本控制是软件集成的重要手段，通过管理软件的不同版本，记录变更历史，避免因版本冲突导致的系统故障。持续集成（CI）和持续交付（CD）是现代软件集成的最佳实践，通过自动化测试和部署，确保软件的高质量和快速迭代。通过全面的规划和科学的方法，软件集成能够为机电信息系统的高效运行和功能扩展提供坚实的保障。

**（三）网络集成**

通过工业以太网、无线网络等先进的通信技术，确保设备和系统之间的无缝互联。工业以太网在网络集成中占据主导地位，因其高带宽、低延迟和强抗干扰能力，成为工业控制系统中数据传输的首选。工业以太网采用标准的 TCP/IP 协议，使得各种设备可以通过统一的网络标准进行通信，从而实现不同设备和系统的高效集成。通过无线传感网络（WSN）和无线局域网（WLAN），设备可以在无须布线的情况下实现实时数据传输，这不仅降低了安装和维护成本，还提高了系统的灵活性和可扩展性。无线网络技术的发展，如 Wi-Fi、Zig Bee、LoRa 等，提供了不同应用场景下的最佳选择，满足了从短距离高带宽到长距离低功耗的各种通信需求。

分层网络架构是常见的设计方式，通过将网络划分为接入层、传输层和核心层，各层级负责不同的网络功能，确保网络的稳定性和可维护性。接入层主要负责设备的接入和初步数据处理，传输层负责数据的快速传输和路由，核心层则负责数据的集中处理和管理。这样的分层设计，使得网络系统能够在出现局部故障时，仍然保持整体的运行稳定性。网络集成的关键在于保证数据传输的实时性和可靠性。在实时性方面，网络必须能够满足工业控制系统对数据传输的严格时间要求，避免因数据延迟导致的控制失误。为此，采用优先级队列和实时通信协议，能够有效提升数据传输的实时性能。在可靠性方面，网络需要具备强抗干扰能力和高容错性，通过冗余设计和故障自动切换机制，确保网络在受到干扰或部分故障时仍然能够稳定运行。

网络安全也是网络集成中的重要环节，随着网络化程度的提高，系统面临的安全威胁也在增加。通过采用防火墙、入侵检测系统（IDS）、虚拟专用网（VPN）等安全技术，能够有效防止未经授权的访问和恶意攻击，保护系统的数据安全和运行稳定。在网络集成过程中，还需加强对网络设备的安全管理，定期更新固件和安全策略，确保网络系统始终处于最佳安全状态。

### （四）信息集成

通过数据采集、处理和存储，实现系统内外部信息的共享和利用。数据采集是信息集成的第一步，通过各种传感器和数据接口，系统能够实时收集设备运行状态、环境参数等信息。采集到的数据经过初步处理和筛选，去除噪声和无效数据，为后续处理提供高质量的原始数据基础。处理数据是信息集成的核心环节，通过数据分析和挖掘技术，将大量的原始数据转换为有价值的信息。先进的数据处理技术，如大数据分析、机器学习和人工智能，能够从海量数据中提取出隐含的规律和趋势，为系统优化和决策提供支持。例如，基于历史数据的预测维护技术，可以提前识别设备的潜在故障，减少停机时间，提高系统的可靠性和效率。同时，数据处理还包括数据的格式转换和标准化，确保不同来源的数据能够兼容并融合，为系统的整体协调提供保障。

数据存储是信息集成的基础设施，通过可靠的存储系统，系统能够长期保存和管理海量数据。现代数据存储技术，如分布式存储、云存储和数据湖，提供了高容量、高可靠性和高可扩展性的存储解决方案，满足了不同应用场景的需求。数据存储系统不仅需要保证数据的完整性和一致性，还要具备快速的读写性能，以支持实时数据处理和查询。数据备份和恢复机制也是必不可少的，确保在数据丢失或损坏时，能够迅速恢复正常，保证系统的连续性。信息集成的一个重要挑战在于数据格式的标准化。在一个复杂的系统中，数据来自不同的设备和子系统，各自的数据格式和通信协议可能存在差异，增加了数据融合的难度。为解决这一问题，需要制定统一的数据标准和接口协议，通过标准化的数据模型和传输协议，实现不同数据源的无缝集成。这不仅简化了系统的设计和维护，也提升了数据的互操作性和共享能力。

高质量的数据是系统有效运行的前提，数据质量问题如缺失、冗余、错误和不一致，都会影响数据处理和决策的准确性。为此，需要建立完善的数据质量管理机制，包括数据校验、清洗、监控和审计，确保数据的准确性、完整性和及时性。数据治理是实现高质量数据的重要手段，通过制定数据管理规范和流程，明确数据的责任归属和管理要求，提升数据的整体质量水平。

## 二、机电信息系统的测试

### (一) 硬件测试

验证传感器、执行器、控制器等硬件设备是否按设计要求正常工作。例如，通过模拟输入信号检测传感器的响应，检查执行器在接收到控制信号后的动作。评估硬件设备在不同工作条件下的性能表现，如速度、精度、响应时间等。通过测试，可以确定设备的最佳工作参数和极限工作条件。通过长时间运行测试和环境应力测试，评估硬件设备的稳定性和耐用性，确保其在实际运行中的可靠性。检查各硬件设备在系统集成中的兼容性，确保不同设备间的无缝连接和协同工作。

### (二) 软件测试

对操作系统、应用软件和数据库等各个软件模块进行独立测试，验证其功能和性能是否符合设计要求。在单元测试的基础上，进行软件系统的集成测试，确保各软件模块间的数据交换和功能调用正确无误。对整个软件系统进行全面测试，验证系统在真实运行环境中的表现，确保其功能和性能达到预期标准。在软件修改或升级后，重新测试系统的各个功能模块，确保新修改没有引入新的问题或破坏已有功能。

### (三) 网络测试

检查各设备和系统间的网络连接是否正常，确保网络互联的畅通无阻。通过 ping 测试、链路状态检查等方法，验证网络连接的稳定性。评估网络的传输性能，通过带宽测试和延迟测试，确定网络在不同负载下的传输能力和响应时间。进行网络故障模拟测试，如网络中断、节点故障等，评估网络的容错能力和故障恢复能力。通过漏洞扫描、渗透测试等手段，检查网络的安全防护措施，确保网络免受恶意攻击和未经授权的访问。

### (四) 信息集成测试

验证数据采集设备的准确性和实时性，确保采集的数据真实、完整。评估数据处理模块的性能和准确性，通过模拟大量数据输入，检查数据处理的效率和结果的正确性。检查数据存储系统的稳定性和读写性能，确保数据在存储过程中的完整性和一致性。验证系统内外部信息的共享和利用，通过测试数据的传输和访问速度，评估信息集成的效果。

# 第三章　机电信息数据处理与分析

## 第一节　数据采集与传感技术

### 一、机电数据采集技术

#### (一) 无线数据采集技术

无线数据采集技术通过无线传输方式实现数据的远程采集和监控，消除了有线连接的限制，提高了数据采集的灵活性和便捷性。蓝牙技术用于短距离无线数据传输，适用于设备间的数据交换和传感器数据的传输，常用于便携式设备和个人区域网络。Wi-Fi 技术提供中距离无线数据传输，适用于需要高带宽和稳定连接的应用，如工业自动化和远程监控系统。LoRa 技术用于长距离低功耗无线数据传输，适用于物联网设备的数据采集和远程监控，如智能电网和环境监测。

#### (二) 数据采集模块技术

数据采集模块技术通过将多个传感器连接到一个模块，实现数据的集中采集和处理。多通道数据采集模块技术允许同时采集多个传感器的数据，提高数据采集的效率和同步性，广泛应用于工业自动化和实验测试。模数转换器技术将模拟信号转换为数字信号，便于数据的处理和分析。高精度ADC 技术对于保证数据采集的准确性和稳定性至关重要。

#### (三) 边缘计算技术

边缘计算技术将数据处理和分析前移到数据源附近，减少数据传输的延迟和带宽需求，提高实时数据处理的效率[1]。实时监控技术通过边缘计算

---

① 张丽冰. 大数据伦理问题相关研究综述 [J]. 文化创新比较研究，2023，7(01)：58-61+164.

设备实时处理和分析采集到的数据，提供即时的设备状态监控和故障预警。智能诊断技术利用边缘计算设备上的机器学习算法，分析数据并进行设备故障诊断和预测维护。

### （四）云计算技术

云计算技术通过云平台提供强大的数据存储、处理和分析能力，支持大规模机电数据的采集和管理。云存储技术提供安全、可靠和可扩展的数据存储解决方案，适用于大规模数据的长期存储和备份。云分析技术利用云平台的计算资源和分析工具，进行大规模数据的处理和分析，提供深度数据洞察和决策支持。

## 二、机电数据传感技术

### （一）温度传感技术

温度传感技术用于监测机电设备和系统的温度，以确保其在安全范围内运行。热电偶技术通过两种不同金属的接触点产生电动势来测量温度，广泛应用于高温环境中的温度监测，如发动机和工业炉。热敏电阻技术利用材料电阻随温度变化的特性来测量温度，适用于低至中温环境的监测，如家电和电子设备。红外温度传感技术通过检测物体发出的红外辐射来测量温度，适用于非接触式温度测量，如运动部件和高温表面。

### （二）压力传感技术

压力传感技术用于测量液体或气体的压力，常见于流体系统和气压控制系统。压阻式压力传感技术通过压阻效应测量压力变化，广泛应用于汽车、航空和工业控制。压电式压力传感技术利用压电材料在压力下产生电荷的特性来测量压力，适用于高频压力变化的监测，如振动和冲击。电容式压力传感技术通过测量电容器的电容变化来检测压力，适用于低压和高精度应用，如医疗设备和气象监测。

### （三）振动传感技术

振动传感技术用于监测机械系统的振动状态，以预防故障和提高设备可靠性。加速度计技术通过测量加速度来检测振动，广泛应用于结构健康监测、机械故障诊断和运动控制。激光干涉振动传感技术利用激光干涉原理精确测量微小振动，适用于高精度振动分析，如精密机械和科研实验。压电振动传感技术利用压电材料在振动下产生电信号的特性，适用于各种机械设备的振动监测和故障诊断。

### （四）电流传感技术

电流传感技术用于监测电气设备的电流，确保其安全运行并进行能效管理。霍尔效应电流传感技术通过检测霍尔效应产生的电压来测量电流，适用于直流和交流电流的监测，如电机和电源设备。分流电流传感技术通过测量电流在已知电阻上的压降来计算电流值，适用于高精度电流测量，如实验室测试和电池管理系统。互感电流传感技术利用互感器原理，通过电磁感应测量交流电流，广泛应用于电力系统和电气设备的监控。

### （五）磁场传感技术

磁场传感技术用于测量磁场强度和方向，应用于位置检测、速度测量和电流监控。霍尔效应磁场传感技术通过检测霍尔效应产生的电压来测量磁场，广泛应用于无接触位置检测和电流测量。磁阻传感技术利用磁阻效应来检测磁场变化，适用于高灵敏度磁场测量，如电子罗盘和磁性编码器。磁通门传感技术通过磁通门元件的饱和特性来测量磁场强度，适用于低强度磁场的精确测量，如地磁场探测和弱磁场研究。

### （六）位置与速度传感技术

位置与速度传感技术用于精确检测机械系统的运动状态，以确保其精确控制和安全运行。旋转编码器技术通过测量旋转轴的角位移来确定位置和速度，广泛应用于自动化控制、机器人和机床。激光测距技术利用激光束测量目标物体的距离和位置，适用于高精度定位和距离测量，如自动驾驶和工业测量。超声波传感技术通过发射和接收超声波来测量距离和位置，广泛应用于障碍物检测、液位测量和机器人导航。

### (七) 力传感技术

力传感技术用于检测和测量物体所受的力，应用于工业自动化、机器人和材料测试。应变片技术通过测量应变片在力作用下的电阻变化来检测力，广泛应用于结构健康监测和精密力测量。压电力传感技术利用压电材料在受力时产生电荷的特性，适用于动态力和振动的测量，如冲击测试和振动分析。电容力传感技术通过测量电容器的电容变化来检测力，适用于微小力和高灵敏度测量，如触摸传感和微力测试。

### (八) 湿度传感技术

湿度传感技术用于测量空气或气体中的湿度，应用于环境监控、HVAC系统和工业过程控制。电容式湿度传感技术通过测量电容器在湿度变化下的电容变化来检测湿度，广泛应用于气象监测和环境控制。导电式湿度传感技术利用湿度对导电材料电阻的影响来测量湿度，适用于工业湿度监控和农业环境监测。光学湿度传感技术通过检测光束在湿度变化下的折射率变化来测量湿度，适用于高精度湿度测量和科学研究。

# 第二节　数据处理与存储技术

## 一、机电数据处理技术

### (一) 数据安全技术

数据安全技术旨在保护数据的机密性、完整性和可用性。随着网络攻击的威胁日益增加，数据安全技术的重要性越发凸显。我国在数据加密、身份认证、访问控制等方面不断创新，构建了完善的机电数据安全防护体系。

### (二) 数据可视化技术

数据可视化技术通过图形化手段，将复杂的数据转化为直观易懂的图表、报表等，帮助用户快速理解和分析数据。我国在可视化软件和工具的开发上不断创新，提供了多种丰富的可视化解决方案，提升了数据分析的效果和效率。

### (三) 数据融合技术

数据融合技术将来自不同来源的数据进行整合，形成统一的数据视图，以提供更全面的系统状态信息[①]。我国在多源数据融合、数据清洗、数据匹配等技术上取得了重要突破，增强了机电系统的综合分析能力。

### (四) 数据管理技术

数据管理技术涵盖数据的全生命周期管理，包括数据的生成、采集、存储、处理、分析、共享和销毁。我国在数据管理规范、数据治理框架等方面的研究和实践，为机电数据的有效利用和管理提供了坚实的保障。

## 二、机电数据存储技术

### (一) 分布式存储技术

分布式存储技术通过将数据分散存储在多个节点上，提供高可用性和高可靠性。我国在分布式存储系统的设计与实现上取得了显著进展，涌现出如具有自主知识产权的分布式存储系统，广泛应用于云计算和大数据领域。

### (二) 云存储技术

云存储技术利用云计算平台提供的存储资源，实现数据的按需存储和弹性扩展。我国的云存储技术在阿里云、腾讯云和华为云等公司的推动下，已形成了完整的解决方案，支持海量数据的高效存储和快速访问。

---

① 郑超，杜菊．我国"体教融合"主题的研究进展——基于文献计量法与知识图谱的分析 [J]．南京体育学院学报，2022，21(05)：27-35．

## （三）数据库技术

数据库技术是存储和管理数据的核心技术。我国在关系型数据库和 NoSQL 数据库领域都取得了重要进展，如 Ti DB、Ocean Base 等国产数据库，具备高性能、高可用性和可扩展性，满足各种复杂应用场景下的数据存储需求。

## （四）数据压缩技术

数据压缩技术通过减少数据的存储空间，提高存储效率和传输速度。我国在数据压缩算法的研究上不断创新，开发出高效的压缩技术，如字典压缩、Huffman 编码等，大大降低了存储成本，提高了数据处理效率。

## （五）数据加密技术

数据加密技术通过对数据进行加密处理，确保数据的安全性和保密性。我国在对称加密、非对称加密和哈希算法等领域均有深入研究，推出了如 SM2、SM3、SM4 等国产加密算法，广泛应用于数据存储和传输的安全防护中。

## （六）数据备份技术

数据备份技术通过定期复制和存储数据副本，防止数据丢失和损坏。我国在数据备份解决方案上不断创新，推出了如备份一体机、云备份等多种技术手段，确保数据在发生故障时能够快速恢复，保障业务连续性。

## （七）数据去重技术

数据去重技术通过识别和删除重复数据，提高存储效率和数据质量。我国在数据去重算法上有显著进步，开发出基于哈希值、指纹识别等高效去重技术，广泛应用于大数据存储和处理领域。

## （八）数据恢复技术

数据恢复技术通过对受损数据的修复，恢复数据的完整性和可用性。

我国在数据恢复领域拥有先进的技术和设备，如 RAID 数据恢复、文件系统修复等，能够在各种复杂情况下实现高效的数据恢复。

# 第三节　数据分析与挖掘技术

## 一、机电数据分析技术

### （一）大数据分析技术

大数据分析技术通过处理和分析海量数据，挖掘隐藏在数据中的价值。我国在大数据平台的建设和应用上取得了重要成果，如 Hadoop、Spark 等技术在国内的广泛应用，以及自主研发的国产大数据平台，如飞鲸大数据平台，支持机电数据的高效分析和处理。

### （二）机器学习技术

机器学习技术利用算法模型从数据中学习规律，进行预测和决策。我国在机器学习技术方面不断突破，开发出诸如 Paddle 等深度学习框架，以及大量自主研发的机器学习算法，为机电数据分析提供了强大的工具和平台。

### （三）深度学习技术

深度学习技术通过构建多层神经网络，对复杂数据进行高层次的特征提取和分析。我国在深度学习算法和应用领域取得了显著进展，诸如华为的 Mind Spore、百度的飞桨等国产深度学习框架，广泛应用于机电数据的图像识别、故障诊断等方面[1]。

### （四）时序数据分析技术

时序数据分析技术专注于处理和分析随时间变化的数据，识别趋势

---

[1] 曹宏伟. 基于 PLC 技术的矿山机电控制系统应用研究 [J]. 当代化工研究，2021（11）：55−56.

和周期性规律。我国在时序数据分析技术上取得了重要突破，开发出如 Prophet、Time Series 等时序分析工具，广泛应用于机电设备的状态监测和预测性维护。

### (五) 预测分析技术

预测分析技术利用历史数据进行模型训练，对未来趋势进行预测。我国在预测分析领域不断深化，开发了多种预测模型和算法，如时间序列预测、回归分析等，广泛应用于机电设备的寿命预测、故障预测等场景。

### (六) 实时数据分析技术

实时数据分析技术通过对实时数据进行快速处理和分析，支持即时决策和控制。我国在实时数据处理框架如 Flink、Storm 等的应用和优化上取得了重要成果，能够支持机电系统的实时监测和响应。

### (七) 异常检测技术

异常检测技术通过分析数据中的异常点，识别潜在的故障和问题。我国在异常检测算法如孤立森林、支持向量机等方面取得了显著进展，广泛应用于机电设备的故障检测和预防性维护。

## 二、机电数据挖掘技术

### (一) 关联规则挖掘技术

关联规则挖掘技术用于发现数据集中项之间的有趣关系或模式。我国在此领域有诸多创新，例如，开发了高效的 Apriori 和 FP-Growth 算法变种，显著提升了关联规则挖掘的速度和准确性，广泛应用于机电系统故障模式识别和优化控制中。

### (二) 聚类分析技术

聚类分析技术通过将相似的数据分组，帮助识别数据中的自然结构。我国在 K-means、DBSCAN 等聚类算法的改进上取得了重要进展，开发了适用于大规模数据集和高维数据的聚类方法，广泛应用于机电设备健康状态监测和分类。

### (三) 分类技术

分类技术通过学习已有标注数据，构建模型对新数据进行分类。我国在支持向量机、决策树、神经网络等分类算法的优化和应用上取得了显著成果，广泛应用于机电系统故障诊断和预测性维护中。

### (四) 回归分析技术

回归分析技术用于建立变量之间的关系模型，进行预测和趋势分析。我国在线性回归、岭回归、Lasso 回归等算法的改进和应用上取得了显著进展，广泛应用于机电设备性能预测和优化控制。

### (五) 关联分类技术

关联分类技术结合关联规则和分类方法，提高分类的准确性和可解释性。我国在关联分类算法如 CBA、CMAR 等的研究和应用上取得了重要进展，广泛应用于机电设备故障类型识别和维护决策支持。

### (六) 维度约简技术

维度约简技术通过减少数据的维度，降低数据的复杂性，同时保留重要信息。我国在 PCA、LDA (线性判别分析) 等维度约简算法的优化和应用上取得了显著成果，广泛应用于机电数据预处理和特征提取。

# 第四节 数据可视化与应用

## 一、数据可视化的含义

数据可视化是指通过图形、图表和其他视觉表示形式，将复杂的数据转化为直观易懂的信息，以帮助用户理解、分析和展示数据中的规律和趋势。它利用计算机图形学和信息图表技术，使数据分析过程更加高效，决策更加科学。数据可视化不仅提高了数据的可读性和可解释性，还支持实时监控、交互式分析和多维数据展示，在各个领域得到了广泛的应用。

## 二、数据可视化在机电信息数据处理中的应用

### (一) 实时监控与报警

数据可视化技术通过实时更新的图表和仪表盘，使用户能够动态监控机电系统的运行状态。实时监控不仅能够显示当前设备的运行参数，还能通过历史数据的趋势分析，预测潜在的问题，从而在问题发生之前采取预防措施。我国在这一领域取得了显著进展，开发了如 Flink、Streamlit 等平台。这些平台能够处理和展示实时数据流，提供直观的图形化界面，使用户能够随时了解设备的运行情况。实时监控系统能够收集来自各类传感器的数据，并通过可视化仪表盘进行展示。例如，温度、压力、振动等关键参数可以在仪表盘上实时更新，任何异常变化都能被立即检测到。这样的系统不仅提高了监控的效率，还减少了人为监控的误差和疏漏。

当监控系统检测到设备运行参数超出预设的安全范围时，会立即发出报警信号。这个信号可以通过多种方式传达给相关人员，包括短信、邮件或直接在仪表盘上显示警告信息。这样，维护人员可以迅速采取行动，防止小问题发展成重大故障。我国开发的 Streamlit 平台，通过简洁易用的界面和强大的数据处理能力，使得报警功能的实现变得更加便捷和高效。此外，实时监控系统还支持报警的多级分类和管理[①]。不同级别的报警可以对应不同的处理措施，确保在发生重大故障时，能够立即通知相关的高级管理人员。而对于一些较小的异常，则可以由一线技术人员进行初步处理。这样的分级管理不仅提高了响应的效率，也确保了资源的合理分配。通过不断收集和分析设备运行数据，这些系统能够帮助企业提前发现和解决潜在的问题，减少设备的停机时间，提高生产效率。我国在这一领域的技术创新，为企业提供了强大的工具，可以帮助他们实现更高效、更安全的生产管理。

---

① 高岳，张凡荣．电子信息技术在控制系统中的应用研究 [J]．科技创新导报，2017，14 (26)：129-131．

### (二) 故障诊断与分析

故障诊断与分析是机电系统维护中的重要环节，通过时间序列图、频谱图等可视化手段，能够直观展示设备运行状态和振动频谱，帮助工程师快速识别故障点和故障模式。在这一过程中，数据可视化技术发挥了至关重要的作用。在机电设备的运行过程中，故障诊断需要对大量复杂的数据进行分析和处理。通过时间序列图，可以直观地展示设备运行参数的变化趋势，例如，温度、压力、振动等关键指标。时间序列图不仅能够显示当前数据，还能通过历史数据的对比，发现设备运行的异常模式和趋势变化。在处理和展示时间序列数据方面具有显著优势，能够支持大规模数据的实时更新和动态展示。

频谱图则是故障诊断中的另一重要工具，通过频谱分析，可以揭示设备振动中的频率成分，帮助识别不同类型的故障。例如，特定频率的振动可能对应于特定类型的机械故障，如轴承磨损或齿轮损坏。频谱图可以将这些复杂的频率信息以直观的图形方式呈现出来，使工程师能够快速识别和定位故障。故障诊断不仅需要发现故障，还需要分析故障的根本原因。通过数据可视化技术，工程师可以对不同参数之间的关系进行深入分析，找出导致故障的关键因素。例如，通过散点图和热力图，可以分析温度和振动之间的相关性，找出高温可能导致的振动异常。这样的分析能够帮助工程师制定更有效的维护策略，预防故障的发生。

我国在故障诊断与分析技术上的进步，为设备维护提供了强大的支持。这些工具的广泛应用，使得工程师能够更加高效地进行故障诊断，缩短故障处理时间，提高设备的可靠性和运行效率。故障诊断与分析还可以结合机器学习和大数据技术，通过对大量历史数据的学习，构建故障预测模型。这样的模型可以提前预测可能的故障，帮助工程师采取预防性措施，避免设备停机和生产损失。我国在这方面的研究和应用不断深入，开发出了诸多先进的故障预测和分析系统。

### (三) 能效管理与优化

能效管理与优化在现代工业生产中扮演着关键角色，企业能够直观地展示设备的能耗和效率变化，从而实现更高效的能源管理。能耗统计图和效率曲线图等工具能够清晰地反映出能源使用情况，帮助企业识别能耗高的环节，进行针对性优化。在能效管理中，首先需要对设备的能耗数据进行全面收集和分析。通过能耗统计图，可以直观展示各个设备的能源消耗情况，包括电力、燃气、水等各类能源的使用量。这些图表不仅能展示当前的能耗数据，还可以通过历史数据的对比，发现能耗变化的趋势和异常点。例如，如果某台设备的能耗突然增加，能耗统计图能够快速识别这一异常，提醒管理人员及时检查设备运行情况，避免能源浪费和设备损坏。

效率曲线图是能效管理中的另一重要工具，通过展示设备在不同运行条件下的效率变化，帮助企业找到最优的运行状态。例如，某些设备在负荷较高或较低时效率较低，通过效率曲线图可以清晰地展示这一点，帮助企业调整生产计划，避免低效运行。我国的数据工具在这方面表现出色，能够动态展示设备的效率变化，为企业提供实时的能效分析支持。数据可视化技术还可以结合地理信息系统（GIS），展示不同区域的能耗分布情况。这对于大型工业园区或跨区域的企业尤为重要，通过地理信息可视化，企业可以直观了解不同区域的能耗情况，找出能耗高的区域进行重点管理。这些模型可以提前预测未来的能耗趋势，帮助企业制订更科学的能源使用计划。例如，结合天气预报数据和生产计划，能效预测模型可以预测未来的能源需求，帮助企业优化能源采购和使用策略，避免能源浪费和成本增加。

### （四）预测性维护

数据可视化技术在预测性维护中，通过趋势图、回归分析图等直观展示设备的健康状态和故障预测结果，帮助工程师及时发现潜在问题，制订有效的维护计划。我国在这一领域的进展，为预测性维护提供了强有力的支持，使设备管理更加科学和高效。通过趋势图可以清晰展示设备运行参数随时间的变化，例如温度、压力、振动等。趋势图不仅可以实时显示当前的数据，还可以展示一段时间内的数据变化趋势，帮助工程师识别异常模式。例如，如果某设备的振动幅度逐渐增加，趋势图可以直观地显示这一变化，使工程师能够提前采取措施，防止设备故障。

回归分析图是预测性维护中的另一重要工具，通过对历史数据进行回归分析，可以预测设备未来的运行状态和剩余寿命。回归分析图能够展示设备关键参数的变化趋势，并通过数学模型预测未来的变化。例如，通过对轴承温度数据的回归分析，可以预测其在未来一段时间内的温度变化，帮助工程师确定最佳的维护时间点，避免设备在高温下运行导致的故障。我国在回归分析技术上的进步，使得预测性维护更加精准和可靠。数据可视化技术还可以结合机器学习和人工智能，进一步提升预测性维护的效果。例如，利用深度学习算法，可以对复杂的多维数据进行分析，识别出难以察觉的故障信号。我国在这方面的研究不断深入，开发了许多先进的预测模型和算法，为预测性维护提供了更加智能的解决方案。

除了趋势图和回归分析图，预测性维护还需要综合利用其他可视化手段，如热力图、散点图等。热力图可以展示设备不同部位的温度分布，帮助工程师发现过热区域，及时采取冷却措施。散点图则可以展示不同参数之间的关系，帮助工程师分析故障原因。例如，通过分析振动幅度和转速之间的关系，可以发现振动异常是否与转速变化有关，从而制定针对性的维护措施。

## （五）多维数据分析

多维数据分析在现代工业和科研中具有重要意义，通过多维数据可视化技术，能够展示数据的多维属性，帮助用户发现复杂关系和模式。平行坐标图、散点矩阵图等可视化工具，能够将高维数据直观地展示出来，使用户能够深入分析和理解数据之间的相互关系。我国在多维数据分析方面的技术创新，特别是多维数据分析平台的开发和应用，为机电系统的综合性能分析和优化提供了强有力的支持。在多维数据分析中，平行坐标图是一种常用的工具，通过将多个变量的数值沿平行坐标轴绘制，能够直观展示高维数据的模式和趋势。每个数据点在不同坐标轴上的位置，通过线段连接起来，使用户能够清晰地看到各变量之间的关系。例如，在机电系统的性能分析中，平行坐标图可以展示温度、压力、振动等多个参数的变化趋势，帮助工程师识别异常模式和潜在问题。我国的多维数据分析平台，在平行坐标图的绘制和交互功能方面表现出色，并提供了灵活的分析工具。

散点矩阵图是多维数据可视化中的另一重要工具，通过绘制各变量两两之间的散点图，展示变量之间的关系和分布情况。散点矩阵图不仅能够显示变量之间的相关性，还能够帮助用户发现数据中的离群点和异常模式。在机电系统的性能优化中，散点矩阵图可以展示各个参数之间的相互关系，例如，振动幅度与转速之间的关系，帮助工程师优化运行参数，提高设备的性能和可靠性。我国在散点矩阵图的应用和优化方面取得了显著进展，开发了许多实用的分析工具。多维数据分析不仅需要直观的图形展示，还需要强大的数据处理和分析能力。我国在多维数据分析平台的开发上，不仅注重图形展示功能的提升，还集成了丰富的数据处理和分析算法。例如，通过主成分分析（PCA）等技术，可以对高维数据进行降维处理，提取出最重要的特征变量，简化数据的复杂性，提高分析的效率和准确性。此外，聚类分析、回归分析等算法的集成，使多维数据分析平台具备了更强大的数据挖掘能力。

多维数据分析技术在机电系统的综合性能分析和优化中发挥了重要作用。例如，通过对不同设备和工况下的多维数据进行分析，可以发现影响设备性能的关键因素，制定针对性优化策略。我国在这方面的技术创新，为企业提供了全面的解决方案，可以帮助他们实现更高效、更可靠的设备管理和维护。

### （六）地理信息分析

地理信息分析通过将数据与地理信息结合，为用户提供空间分布和位置相关的分析视图。这种技术在许多领域都具有重要的应用价值，尤其是在机电系统的管理和优化中。我国的 GIS 平台如 Super Map、Map GIS，在地理信息分析方面表现出色，广泛应用于机电系统的地理数据分析，帮助企业进行位置相关的优化和决策。通过地理信息可视化技术，用户可以直观地看到设备和系统在地理空间上的分布情况。例如，在一个大型工业园区内，各个设备的位置、运行状态和环境参数可以通过地理信息系统（GIS）一目了然地展示出来。这样的可视化方式，不仅能够帮助管理人员更好地了解设备的分布和运行状况，还能够发现潜在的问题和优化空间。我国的 Super Map 平台，凭借其强大的地理信息处理和展示能力，成为许多企业进行地理信息分析的首选工具。

在机电系统的维护和优化中，地理信息分析可以提供关键的支持。例如，通过 GIS 平台，企业可以分析不同区域的设备运行情况，找出能耗高、故障多的区域，并针对这些区域进行重点维护和优化。这不仅提高了设备的运行效率，还降低了维护成本。Map GIS 作为我国另一重要的 GIS 平台，在数据处理和可视化展示方面具有显著优势，帮助企业实现了精准的地理信息分析和决策支持。地理信息分析还可以用于物流和供应链的优化管理。通过分析不同地理位置的物流数据，企业可以优化运输路线，减少运输时间和成本。例如，通过对运输车辆的 GPS 数据进行分析，可以找到最优的运输路径，避免交通拥堵和路程过长的问题。我国的 GIS 平台在这一领域也发挥了重要作用，提供了全面的物流数据分析和优化方案。

地理信息分析技术的另一重要应用是环境监测与评估。通过将环境传感器的数据与地理信息结合，企业可以实时监测环境参数的空间分布情况，如空气质量、水质等。例如，在一个工业园区内，可以通过 GIS 平台实时监测各个区域的空气质量，发现污染源并及时采取措施。这不仅有助于企业满足环保要求，还提升了企业的社会责任感和形象。规划部门可以分析城市各区域的人口分布、交通状况和基础设施情况，进行科学合理的规划和布局。例如，通过对道路交通数据的分析，可以找到交通拥堵的原因和解决方案，提升城市交通的效率和安全性。我国的 GIS 平台在这一领域的应用，为城市规划和管理提供了强大的支持。

## (七) 交互式分析

交互式数据可视化技术为用户提供了灵活且深入的数据分析能力，通过用户与图表的交互操作，使数据分析变得更加直观和高效。在机电系统的管理中，交互式数据可视化技术可以通过各种图表，如折线图、柱状图、散点图等，实时展示设备的运行状态和关键参数。用户可以通过拖拽、缩放、点击等交互操作，详细查看和分析特定时间段或特定设备的运行数据。例如，通过点击图表中的某一数据点，用户可以快速查看该点的详细信息，了解设备在该时间点的具体运行情况。

交互式数据可视化技术还可以通过动态过滤和选择功能，帮助用户从大量数据中筛选出关键信息。例如，用户可以通过选择特定的参数范围，动态过滤图表中的数据，只显示符合条件的数据点。这种交互式的过滤功能，使用户能够快速发现数据中的异常和趋势，做出更加精准的分析和决策。交互式数据可视化技术还在优化和决策支持中具有重要应用。例如，用户可以通过交互式图表，详细分析不同设备的能耗情况，发现高能耗的环节，并采取相应的优化措施。通过动态调整图表中的参数设置，用户可以模拟不同优化方案的效果，选择最优的方案实施。我国的交互式可视化工具在这一领域提供了强大的支持，使用户能够更加灵活和高效地进行能效管理和优化。

## （八）综合仪表盘

综合仪表盘技术通过集成多种图表和数据展示组件，提供一个全面的监控和分析界面，使用户能够全方位了解系统的运行状况。综合仪表盘的核心优势在于其整合性和全面性。通过将不同类型的数据图表（如折线图、柱状图、饼图、热力图等）集成到一个界面中，用户可以同时查看多个数据维度，从而获得对系统运行状态的全景视图。例如，在机电系统的监控中，综合仪表盘可以同时展示设备的温度、压力、振动、能耗等关键参数，帮助用户快速识别和响应异常情况。综合仪表盘技术不仅提升了数据展示的效率，还增强了数据分析的深度和广度。通过灵活的图表配置和动态数据更新，用户可以根据需要自定义和调整仪表盘的内容和布局。例如，用户可以设置特定的警报阈值，当设备运行参数超出预设范围时，仪表盘会自动触发警报，提醒用户及时采取措施。这种灵活性和可定制性，使综合仪表盘成为机电系统管理中不可或缺的工具。

综合仪表盘技术为机电系统的维护和优化提供了重要支持。通过全面的监控和分析，用户可以及时发现和解决潜在问题，避免设备故障和停机。例如，通过实时监控设备的运行参数，用户可以提前识别设备的异常变化，进行预防性维护。通过集成展示不同设备和工况下的能耗数据，用户可以直观分析能耗分布和效率变化，制定针对性的节能措施。例如，通过对比不同时间段的能耗数据，用户可以识别出高能耗时段和设备，采取相应的优化措施，降低能源消耗和运营成本。我国的仪表盘设计工具在这一领域提供了强大的支持，使能效管理更加科学和高效。

### (九) 数据关联与整合

数据可视化技术通过关联不同的数据源，整合信息，提供统一的分析视图，为用户带来更全面、更深入的洞察。我国在数据融合技术上的创新，显著提升了多源数据的可视化展示能力，增强了机电系统的整体分析效果。数据关联与整合能够打破数据孤岛，实现数据的全面整合。机电系统通常涉及多种类型的数据源，包括传感器数据、历史维护记录、实时监控数据等。可以将这些数据源整合到一个统一的分析平台中，为用户提供完整的数据视图。

数据关联与整合技术不仅提高了数据分析的效率，还增强了数据的洞察力。例如，通过整合来自不同传感器的数据，可以更准确地分析设备的运行状态和故障原因。结合历史维护记录和实时监控数据，用户可以发现潜在的故障模式，制订更有效的维护计划。我国在这方面的创新，如数据融合算法的优化和应用，使数据关联与整合更加高效和可靠。通过统一的数据视图，不同部门和系统之间可以共享数据和分析结果，提升整体协作效率。例如，生产部门可以与维护部门共享设备的实时运行数据，帮助维护人员及时发现和解决问题。这样的数据共享和协作，依赖于强大的数据可视化和融合技术，我国在这一领域的技术进步，提供了可靠的技术支持和解决方案。

通过整合和分析来自不同数据源的信息，管理人员可以获得更加全面和准确的决策依据。例如，通过整合生产数据、能耗数据和市场需求数据，可以优化生产计划，提高资源利用效率。我国的多源数据融合平台在这方面的应用，帮助企业实现了更科学和高效的决策支持。通过整合不同来源的环境监测数据，可以全面了解环境变化情况，及时发现和应对潜在的环境风险。例如，通过整合空气质量监测数据和气象数据，可以预测和预防空气污染事件，保障公众健康。我国在环境监测数据融合和可视化方面的技术进展，为环境管理提供了强大的支持。

# 第四章　电力工程技术应用概述

## 第一节　电力工程技术的基础理论

### 一、电磁场理论

电磁场理论是电力工程的基础理论，描述了电荷和电流在空间中产生的电场和磁场，以及电场和磁场之间的相互作用规律。通过该理论，电力工程师能够深入理解和分析电力系统中的电磁现象，为电力设备的设计和优化提供了坚实的理论基础。电磁场理论不仅包括静电场和恒定磁场的基本知识，还涵盖时变电磁场的复杂行为，如电磁波的传播和感应现象。电磁场理论详细描述了电荷在静止和运动状态下所产生的电场和磁场的分布情况[①]。通过库仑定律和比奥－萨伐尔定律，工程师能够计算出电荷和电流在空间中产生的电场和磁场的强度和方向。这些基础知识对于设计和优化电力设备，如变压器、电动机和发电机等，具有重要意义。电磁场理论还探讨了电场和磁场的相互作用规律，这在时变电磁场中尤为重要。法拉第电磁感应定律和麦克斯韦方程组是这一理论的核心内容，它们描述了变化的磁场如何产生电场，以及变化的电场如何产生磁场。这些规律在电力系统中广泛应用于变压器的工作原理、发电机的电能转换以及输电线路中的电磁波传播等方面。

通过电磁场理论，工程师可以有效地理解和计算电力设备的电磁兼容性（EMC）和电磁干扰（EMI）问题。电磁兼容性是指设备在电磁环境中正常工作且不对该环境中的其他设备产生不可接受干扰的能力。电磁干扰则是指电磁现象对设备性能产生负面影响的情况。通过分析电磁场的分布和传播规律，工程师能够设计出具有良好电磁兼容性的设备，减少电磁干扰，提高系统的稳定性和可靠性。电磁场理论在电力系统的保护和控制中也发挥着重要

---

① 罗书明. 机电一体化技术在智能制造中的应用策略 [J]. 中国科技信息，2022（09）：112-113.

作用。例如，通过计算短路电流的分布情况，工程师可以设计出有效的保护装置，防止设备因过电流而损坏。又如，在电力系统的控制中，电磁场理论为无功补偿和电压调节等技术提供了理论支持，帮助提高电力系统的运行效率和稳定性。

## 二、电路理论

电路理论主要研究电流、电压和电阻等基本电参数在电路中的行为和关系。通过基尔霍夫定律、欧姆定律等基本法则的应用，电路理论为电力系统的设计和分析奠定了基础。这一理论不仅适用于直流电路，还广泛应用于交流电路的分析和优化，覆盖了电力工程中绝大部分实际问题。电路理论利用基尔霍夫电流定律（KCL）和基尔霍夫电压定律（KVL）来分析电路中的电流和电压分布情况。基尔霍夫电流定律指出，在任何一个节点处，流入节点的电流总和等于流出节点的电流总和。基尔霍夫电压定律则指出，在任何一个闭合回路中，各元件的电压降总和等于零。通过这些定律，工程师可以准确计算电路中各点的电压和电流分布，为电路设计和故障诊断提供重要依据。

欧姆定律是电路理论的基础，描述了电压、电流和电阻之间的关系。欧姆定律表明，在一个电阻元件上，电压与电流成正比，比例系数为电阻值。该定律在实际应用中广泛用于电路元件的设计和选型，确保电路在特定的电压和电流条件下正常工作。通过欧姆定律，工程师可以计算电路中各元件的功率消耗，优化电路性能，避免过热和损坏。电路理论还包括复杂电路的分析方法，如节点分析法和网孔分析法。节点分析法基于基尔霍夫电流定律，通过建立节点方程求解电路中的电压分布。网孔分析法基于基尔霍夫电压定律，通过建立网孔方程求解电路中的电流分布。这些方法在复杂电路分析中具有重要作用，帮助工程师解决多元件、多回路电路的计算问题。

交流电路中，电压和电流随着时间周期性变化，通常表示为正弦波形式。通过相量表示法，工程师可以简化交流电路的计算，将时间变量转换为相量形式进行处理。交流电路分析还涉及阻抗、功率因数等概念，通过这些参数的计算和优化，可以提高电力系统的传输效率和稳定性。在电力系统的设计和优化中，电路理论提供了坚实的理论基础。例如，变压器的设计需要考虑初级和次级绕组的电压、电流和阻抗匹配，以确保高效能量传输。又如，在电力传输线路的设计中，工程师需要计算线路的电压降和功率损耗，选择合适的导线和绝缘材料，确保传输效率和安全性。

### 三、电机理论

电机理论是研究电动机和发电机运行原理及性能的关键学科。它涵盖直流电机和交流电机的基本理论，深入分析电机的电磁场分布、力矩产生机制及其动态特性。通过电机理论，工程师能够设计和优化电力设备，从而提高电力系统的效率和可靠性。直流电机依靠直流电源提供的电流，通过电枢绕组在磁场中产生的电磁力矩驱动转子旋转。直流电机的基本组件包括电枢、换向器和磁极。通过分析电枢电流和磁场的相互作用，电机理论解释了电动机的力矩产生机制以及如何控制电机的转速和方向。直流电机由于其控制简单、调速性能好，广泛应用于工业控制、自动化设备和电动车等领域。

电机理论同样深入研究了交流电机的工作原理。交流电机主要包括同步电机和异步电机（感应电机）。同步电机通过旋转磁场与转子磁场的同步作用产生力矩，通常用于发电机和高精度调速场合。而异步电机则依靠定子旋转磁场在转子中感应出电流，从而产生电磁力矩。异步电机因其结构简单、维护方便、运行可靠，被广泛应用于工业生产中的各种驱动装置。电机理论还探讨了电机的电磁场分布和力矩产生机制。通过麦克斯韦方程组，工程师可以计算电机内部的电磁场分布，了解磁场在定子和转子间的传递情况。这对于优化电机设计、减少损耗和提高效率具有重要意义。力矩产生机制的分析，则涉及电流、磁场和力矩之间的关系，通过解析这些关系，工程师可以设计出高效的电机，满足不同应用场景的需求。

电机在启动、停止和负载变化时，会表现出不同的动态响应特性。通过分析电机的动态特性，工程师可以设计出响应速度快、稳定性好的电机控制系统。例如，直流电机的动态特性分析涉及电枢电感和电阻的影响，而交流电机的动态特性则考虑了转子时间常数和转差率的变化。工程师可以设计出高效、可靠的电动机和发电机，提高电力设备的性能。例如，在电动车的设计中，电机理论帮助工程师选择合适的电机类型，优化电机控制策略，以提高续航里程和动力性能。同样，在风力发电系统中，电机理论指导工程师设计出高效的同步发电机，优化能量转换效率。

## 四、电力电子理论

电力电子理论主要研究电力电子器件及其在电力转换和控制中的应用，涵盖整流器、逆变器、变频器等设备的基本原理和工作特性。该理论为现代电力系统中的电能变换和控制提供了关键技术支持，广泛应用于电力传输、分配和使用的各个环节。整流器是电力电子装置中最基本的一种，其主要功能是将交流电转换为直流电。整流器分为半波整流和全波整流两种类型，通过二极管的单向导电性，实现电流方向的控制。电力电子理论详细分析了整流器的工作原理、波形特性以及效率和损耗等参数，为整流器的设计和应用提供了理论依据。整流器广泛应用于直流电源系统、电动汽车充电桩和通信设备等领域。

逆变器利用功率开关器件的开关特性，通过脉宽调制（PWM）技术控制输出电压和频率。电力电子理论对逆变器的拓扑结构、开关过程和输出特性进行了深入研究，帮助工程师设计出高效、稳定的逆变器。逆变器广泛应用于太阳能发电系统、风力发电系统和不间断电源（UPS）等领域，推动了新能源技术的发展和应用。通过调整输出电压的频率，变频器能够实现电机的调速控制，达到节能和优化运行的目的。电力电子理论在变频器的工作原理、控制策略和谐波抑制等方面进行了系统的研究，为变频器的设计和应用提供了技术支持。变频器广泛应用于工业自动化、空调系统和电梯控制等领域，提高了设备运行的效率和灵活性。

电力电子理论还涵盖功率半导体器件的工作原理和特性分析。功率二极管、晶闸管、IGBT 和 MOSFET 等器件是电力电子装置的核心元件，它们的性能直接影响电力电子装置的效率和可靠性。电力电子理论通过研究这些器件的开关特性、热管理和损耗机制，帮助工程师选择合适的器件，并优化电路设计。在电力传输和分配环节，电力电子理论同样发挥着重要作用。例如，柔性直流输电（HVDC）技术利用电力电子装置实现高效的电能传输，减少传输损耗和电压波动。电力电子理论为 HVDC 系统中的换流站设计、谐波滤波和控制策略提供了理论支持。此外，电力电子技术还应用于配电网的自动化控制、无功补偿和电压调节，提升了电网的稳定性和可靠性。

电力电子理论不仅在电力系统中应用广泛，在家电、交通运输和航空航天等领域也发挥着重要作用。例如，在电动汽车中，电力电子技术用于驱动电机控制、能量回收和电池管理，提高了电动车的性能和续航能力。在航空航天领域，电力电子技术用于卫星电源管理、飞行控制和推进系统，保障了航天器的高效运行。

## 五、控制理论

控制理论包括经典控制理论和现代控制理论，通过反馈控制、最优控制等方法，实现电力系统的自动调节和优化运行。控制理论在电力系统的调度、保护和管理中发挥着至关重要的作用。经典控制理论主要依赖于线性系统的分析和设计方法。基于经典控制理论，工程师可以设计出稳定、高效的控制系统。例如，比例积分微分（PID）控制是经典控制理论中的一种基本方法，广泛应用于电力系统的调节和控制中。PID控制器通过调节比例、积分和微分三个参数，实现系统的精确控制和快速响应。该方法在电力系统的发电、输电和配电环节中被广泛采用，确保了电力系统的稳定运行和高效管理。

现代控制理论在处理复杂非线性系统和多变量控制系统方面具有显著优势。现代控制理论包括状态空间方法、鲁棒控制、模糊控制、自适应控制、反馈控制等。状态空间方法通过建立系统的状态方程，描述系统的动态行为，为复杂电力系统的控制设计提供了强有力的工具。鲁棒控制则能够在系统存在参数不确定性和外部干扰的情况下，保证系统的稳定性和性能。模糊控制和自适应控制则通过引入人工智能技术，提高了系统的自适应性和智能化水平。反馈控制是控制理论中的核心概念，通过实时监测系统输出，并根据输出与设定值之间的偏差调整输入，实现系统的自动调节。反馈控制在电力系统的频率控制、压控制和无功功率补偿中具有广泛应用。例如，在电力系统的频率控制中，通过实时监测系统频率，并调整发电机的输出功率，确保系统频率保持在预定范围内，保障电力系统的稳定运行。

最优控制是现代控制理论中的重要方法，通过优化某些性能指标，实现系统的最佳运行状态。最优控制在电力系统的经济调度、负荷分配和能量管理中发挥着重要作用。例如，在电力系统的经济调度中，通过最优控制算法，合理分配发电机的输出功率，达到最小化发电成本和满足负荷需求的双重目标。这种方法不仅提高了电力系统的经济效益，还提升了系统的整体效率和可靠性。电力系统保护是为了防止设备故障和异常情况对系统造成的损害。通过控制理论中的快速故障检测和隔离技术，可以在短时间内识别故障点，并采取相应的保护措施，避免故障的扩大和蔓延。此外，控制理论在电力系统的管理中，通过负荷预测、需求响应和智能调度等方法，实现系统的高效管理和优化运行。

## 六、功率系统理论

功率系统理论是研究电力系统中功率传输和分配规律的重要学科，涵盖有功功率、无功功率及其在输电网络中的分布和损耗分析。通过这一理论，工程师可以优化电力传输线路，减少电能损耗，提高系统的输电效率，从而保障电力系统的稳定性和经济性。有功功率是电力系统中实际做功的部分，直接用于驱动电机、加热等用途。无功功率则用于维持电力系统中的电压水平，主要在电力设备的电磁场中起作用。功率系统理论通过对有功功率和无功功率的深入研究，帮助工程师理解和管理电力系统中的能量流动。例如，在输电线路中，有功功率和无功功率的合理分配对于保持系统稳定和提高输电效率至关重要。

在实际输电过程中，由于电阻、电感等因素的存在，电能在输电线路中会发生损耗，主要表现为线损和电压降。通过功率系统理论，工程师可以计算和优化输电线路的参数，降低损耗，提高电能的传输效率。例如，通过选择适当的导线材料和截面积，可以有效减少电阻损耗；通过调整无功补偿设备，可以降低电压降，提升系统的整体效率。电压稳定性是指电力系统在受到扰动时，能够维持各节点电压在合理范围内的能力。功率系统理论通过研究电压稳定性，可以帮助工程师设计和配置无功补偿设备，防止电压崩溃和系统失稳。例如，在长距离输电线路中，无功功率的合理调配对保持电压水平至关重要。

通过对功率流动的分析，调度人员可以优化电力系统的运行状态，确保系统在高效运行的同时满足负荷需求。例如，在电力调度过程中，通过功率系统理论计算，可以确定发电机组的最优出力方案，降低发电成本，提升系统的经济性。随着风能、太阳能等可再生能源的快速发展，电力系统中分布式发电的比例不断提高。功率系统理论通过分析分布式电源的功率输出特性和对电网的影响，帮助工程师设计和优化分布式发电系统，提高其并网运行的稳定性和可靠性。例如，通过研究光伏发电系统的无功功率补偿，可以有效缓解电压波动，确保电网的安全运行。

## 七、电力系统稳定性理论

电力系统稳定性理论研究电力系统在受到扰动时的响应特性和恢复能力，旨在确保系统能够在各种运行条件下保持稳定运行。该理论包括静态稳定性分析和动态稳定性分析，帮助工程师设计和维护稳定可靠的电力系统，避免大规模停电事故的发生。静态稳定性指电力系统在小扰动情况下的稳定性。它主要关注系统在稳态运行时的平衡状态以及系统能否在小扰动后恢复到新的平衡状态。例如，当某一负荷突然增加或减少时，静态稳定性分析可以帮助确定系统是否能够迅速调整发电和输电，从而恢复新的平衡。通过静态稳定性分析，工程师可以设计适当的控制措施，以确保系统在日常运行中的稳定性。

动态稳定性涉及系统在大扰动情况下的稳定性，尤其是系统在发生故障或其他重大事件时的响应特性。动态稳定性分析包括暂态稳定性和长期稳定性。暂态稳定性研究系统在短时间内对大扰动的响应，如发电机故障、线路跳闸等。通过暂态稳定性分析，工程师可以评估系统在重大故障后的恢复能力，并设计保护和控制策略，以防止故障扩展。长期稳定性则关注系统在扰动后的长期行为，例如，发电机的频率和电压调整过程。动态稳定性分析对于保证电力系统在各种极端条件下的可靠性至关重要。电压稳定性指系统能够在各种负荷条件下保持各节点电压在允许范围内的能力。通过电压稳定性分析，工程师可以设计无功补偿装置和电压控制策略，确保系统在电压波动情况下的稳定运行。频率稳定性则关注系统能够在负荷变化或发电机故障情况下保持频率稳定的能力。频率稳定性分析有助于优化发电机的调速系统和负荷频率控制策略，避免系统频率过度波动。

电力系统稳定性理论还强调系统的恢复能力，即系统在故障后的重构和恢复过程。工程师通过稳定性分析，能够设计快速有效的恢复方案，包括负荷切除、发电调度调整等，以确保系统能够迅速恢复正常运行。恢复能力的研究对于提高系统的抗扰动能力和降低停电风险具有重要意义。电力系统稳定性理论的应用广泛，包括系统规划、运行和控制等多个方面。在系统规划阶段，稳定性分析帮助确定系统结构和设备配置，以满足稳定运行的要求。在系统运行阶段，实时稳定性监控和分析则用于确保系统在各种运行条件下的稳定性。通过稳定性分析，工程师可以及时发现潜在问题，采取预防措施，确保系统的可靠运行。

## 八、矩阵分析理论

矩阵分析理论在电力工程中具有广泛应用，尤其在电力系统的网络分析和计算中发挥了关键作用。利用矩阵方法，工程师能够有效解决复杂电力网络中的潮流计算、短路分析等问题，显著提高计算效率和精度。矩阵分析理论为电力系统的潮流计算提供了强有力的工具。潮流计算是指在给定电力系统的运行状态下，计算各节点的电压和各支路的功率分布。通过建立节点导纳矩阵（Y 矩阵），工程师可以将复杂的电力系统转化为线性方程组，利用矩阵运算求解节点电压和功率流动。矩阵方法不仅简化了计算过程，还提高了计算的稳定性和精度，使得大型电力系统的潮流计算成为可能。

短路分析用于确定电力系统在发生短路故障时的电流分布和设备承受的应力。通过建立故障条件下的阻抗矩阵（Z 矩阵），工程师可以快速计算各节点的故障电流，从而设计合适的保护装置和措施。矩阵方法的应用，使得短路分析的计算过程更加高效，能够迅速应对电力系统中的各种故障情况。通过建立状态矩阵，工程师可以描述电力系统的动态行为，分析系统在扰动情况下的响应特性。例如，通过求解状态矩阵的特征值，可以判断系统的稳定性，并设计适当的控制措施，以确保系统在受到扰动时能够恢复稳定。矩阵方法在稳定性分析中的应用，提高了计算的准确性和效率，为电力系统的安全运行提供了保障。

优化调度是指在满足负荷需求的前提下，合理分配各发电机的出力，以最小化发电成本或最大化经济效益。通过建立目标函数和约束条件，工程师可以利用矩阵方法求解优化问题，得到最优的发电调度方案。矩阵分析在优化调度中的应用，使得计算过程更加简洁明了，能够处理复杂的大规模电力系统调度问题。通过建立电力系统的数学模型，利用矩阵运算，工程师可以模拟不同的规划方案，评估其对系统运行的影响。例如，在输电网络的规划中，可以通过矩阵方法计算不同线路配置下的功率分布和电压水平，选择最优的配置方案，提高系统的可靠性和经济性。电力市场涉及多个参与方和复杂的交易关系，通过建立市场模型，矩阵可以分析市场的运行机制，优化电力资源的配置。例如，通过矩阵运算，可以模拟不同市场规则下的电力交易情况，评估其对市场价格和供需平衡的影响，制定合理的市场政策。

## 九、电力传输理论

电力传输理论是研究电能在输电线路中传输特性的学科，涵盖传输效率、传输损耗及其优化方法。工程师能够设计高效的输电系统，确保电能从发电厂到用户的高效传输，从而提高整个电力系统的经济性和可靠性。电力传输理论深入探讨了电能在输电线路中的传输效率。传输效率指电能在输电过程中的有效利用程度，通常受到线路电阻、电抗和电容等因素的影响。电力传输理论通过对这些因素的分析和计算，帮助工程师设计出能够最大限度减少能量损失的输电线路。优化传输效率不仅有助于降低发电和输电成本，还能减少温室气体排放，对环境保护具有重要意义。

传输损耗主要包括电阻损耗、感抗损耗和漏电损耗等。这些损耗不仅影响电能的有效传输，还可能导致输电设备的过热和老化，缩短其使用寿命。通过电力传输理论，工程师可以计算出不同线路配置和运行条件下的损耗情况。例如，选择导电性能更好的材料、增大导线截面积、使用高压直流输电（HVDC）技术等，都可以有效减少传输损耗，提高输电系统的整体效率。电压和电流在输电线路中的分布对传输效率和损耗有直接影响。通过理论分析，工程师可以确定最佳的电压等级和输电线路结构，确保电能在长距离传输过程中保持稳定。例如，高压输电技术通过提高电压等级，可以在同样的功率传输条件下显著降低电流，从而减少电阻损耗，提升传输效率。

电力传输理论还指导着输电线路的规划和设计。通过对地理条件、电力需求和经济效益的综合考虑，工程师可以设计出最优的输电线路布局。例如，在跨区域电力输送中，合理选择输电路径和技术方案，不仅可以节约建设成本，还能提高输电线路的可靠性和安全性。特高压输电技术（UHV）就是一个典型的应用案例，通过超高电压等级实现电能的远距离高效传输。智能电网通过先进的信息技术和控制技术，实现电力系统的自动化和智能化。

电力传输理论在智能电网中，通过传感器网络和数据分析，实时监测输电线路的运行状态，及时发现和处理故障，优化电力资源的分配。例如，通过智能调度和负荷管理，可以动态调整输电线路的运行参数，最大限度地提高传输效率和稳定性。

## 十、能量管理理论

能量管理理论主要研究电力系统中的能量优化和调度策略，涵盖负荷预测、需求侧管理等关键内容，为智能电网和可再生能源的集成提供了坚实的理论基础。这一理论能够实现电力资源的高效利用和可持续发展，满足现代社会对可靠和绿色能源的需求。负荷预测是指通过历史数据和各种影响因素，预测未来某一时间段的电力需求。准确的负荷预测有助于电力系统的规划和调度，避免资源浪费和过载风险。能量管理理论通过时间序列分析、机器学习等方法，显著提高了负荷预测的精度，为电力系统的稳定运行提供了保障。例如，在高峰负荷时段，准确的负荷预测可以帮助调度中心提前准备应急措施，确保电力供应的连续性。

需求侧管理通过激励用户调整用电行为，以平衡供需，优化电力系统的运行效率。能量管理理论提供了各种需求响应策略，如价格激励、时间分段电价等，鼓励用户在电力需求低谷时段使用电力，减少高峰时段的负荷压力。这种管理方式不仅提高了电力系统的效率，还降低了用户的用电成本，实现了双赢。优化调度是指在满足电力需求的同时，合理分配发电资源，以最小化发电成本和环境影响。通过能量管理理论中的优化算法，调度中心可以实时调整发电机组的运行状态，最大限度地利用可再生能源，减少化石燃料的使用。例如，在风力和太阳能发电占比高的电力系统中，优化调度能够根据天气预报和实时发电数据，动态调整传统发电机组的出力，确保电力供应的可靠性和稳定性。

能量管理理论为智能电网提供了优化和调度策略，支持实时监控、故障诊断和应急响应。例如，通过智能计量系统和分布式能源管理系统，能量管理理论可以实时监控用户的用电行为和分布式发电系统的运行状态，提供优化的能量分配方案，确保电网的高效运行。可再生能源如风能、太阳能具有间歇性和波动性的特点，给电力系统的稳定运行带来了挑战。能量管理理论通过储能技术、微电网和虚拟电厂等手段，提升了可再生能源的利用率和稳定性。例如，储能系统可以在电力需求低谷时段储存多余的可再生能源电力，在高峰时段释放，平衡供需，稳定电网频率。

# 第二节　电力工程技术的发展历史

电力工程技术的发展历史可以分为以下几个主要阶段，每个阶段都代表重要的技术突破和进步，推动了电力系统的演变和发展。

## 一、电力发现与早期应用阶段（19 世纪初至 19 世纪末）

电力工程技术的起步期可以追溯到 19 世纪初至 19 世纪末，这一时期奠定了现代电力技术的基础。首先要提到的关键人物是迈克尔·法拉第（Michael Faraday），他的电磁理论研究为电力技术的发展铺平了道路。1831 年，法拉第通过实验发现了电磁感应原理，即磁场变化会在导体中产生电动势。这一发现直接导致电动机和发电机的发明和发展，为电力技术的应用开辟了新的天地。与法拉第的研究几乎同时，詹姆斯·克拉克·麦克斯韦（James Clerk Maxwell）通过一系列理论研究，系统地总结了电磁现象，并提出了著名的麦克斯韦方程组。这些方程描述了电场和磁场的相互作用，为电磁波的传播和电力系统的设计提供了理论基础。麦克斯韦的贡献不仅巩固了法拉第的实验发现，还为后续的电力技术应用奠定了坚实的理论支持[1]。

在 19 世纪中期，电力应用开始走向实际。托马斯·爱迪生（Thomas Edison）是这一阶段的代表人物之一。他在 1879 年发明了实用的白炽灯，解决了电灯照明的实际应用问题。更为重要的是，1882 年，爱迪生在纽约建立了世界上第一个电力发电站和电力系统，实现了电力从发电到输电再到使用的全流程应用。爱迪生的直流电系统虽然在当时取得了巨大的成功，但其传输效率低和电压损耗大的缺点也限制了其广泛应用。与此同时，尼古拉·特斯拉（Nikola Tesla）在交流电领域的研究和推广为电力技术带来了

---

① 雷荣. 工程机械制造中机电自动化的应用研究 [J]. 现代制造技术与装备，2022，58(02)：174-176.

革命性的变化。特斯拉发明了交流电机和变压器,并与乔治·威斯汀豪斯(George Westinghouse)合作推广交流电系统。与直流电相比,交流电在长距离传输中的效率更高、损耗更低。特斯拉的交流电技术逐渐取代了爱迪生的直流电系统,成为现代电力系统的基础。

特斯拉的交流电技术在 1893 年的芝加哥哥伦比亚博览会上得到了广泛展示,这一事件标志着交流电技术的胜利。特斯拉和威斯汀豪斯展示了他们的交流电系统,不仅点亮了博览会场地,还展示了交流电在长距离输电中的优势。同年,他们还赢得了尼亚加拉瀑布发电项目的合同,这一项目成为世界上第一个大型水力发电站,并成功将电力输送到几十千米外的布法罗市。电力技术的应用逐步扩展到通信领域。塞缪尔·莫尔斯(Samuel Morse)发明了电报,这一发明标志着电力在通信技术中的初步应用。电报的广泛应用,不仅改变了信息传递的方式,也推动了电力技术在更广泛领域的应用。

19 世纪末,电力技术的应用进一步深化和拓展。随着电力发电机、变压器和电动机的不断改进和优化,电力在工业生产中的应用逐渐普及。电力驱动的机器取代了蒸汽机和人力,极大地提高了生产效率,推动了第二次工业革命的发展。电力在家庭中的应用也开始普及,电灯、家用电器等开始进入普通家庭,极大地改善了人们的生活质量。这一阶段的电力工程技术不仅实现了从理论到实际应用的飞跃,还奠定了现代电力系统的基础。法拉第和麦克斯韦的理论研究,爱迪生的直流电系统实践,以及特斯拉的交流电技术推广,共同推动了电力技术的快速发展。这一时期的电力技术进步,不仅改变了人类的生产和生活方式,也为后续的电力技术发展提供了重要的理论和实践基础。

## 二、电力传输与分配技术的发展阶段(20 世纪初至 20 世纪中期)

进入 20 世纪,电力传输和分配技术取得了显著进展。这一时期,高压输电技术的应用极大地推动了电力系统的扩大和联网,使电力能够在更大范围内高效传输。高压输电技术通过提高输电电压,降低了电流,从而减少了电力在线路中的损耗。这一技术突破不仅使长距离输电成为可能,也提高了电力系统的整体效率。三相交流电相比单相电,具有更高的传输效率和稳定性。它通过三个相位相差 120 度的电流提供平衡的功率输出,减少了电力系统中的电压波动和功率损耗。三相交流电的应用,使得电力系统在负载平衡和传输效率方面有了显著提升，进一步推动了电力系统的可靠性和经济性。

变压器技术的发展，使得电压转换更加高效和可靠。通过变压器，电力可以在高电压下长距离传输，然后在使用端降压至适合的电压等级，提高了传输效率并减少了损耗。断路器技术的进步，则提高了电力系统的安全性和稳定性。断路器能够快速切断故障线路，防止故障扩散和设备损坏，保障了电力系统的稳定运行。随着材料科学的进步，电缆的导电性能和耐用性得到了显著提升。新型绝缘材料和结构设计，提高了电缆的耐高压和抗干扰能力，确保了电力在线路中的稳定传输。特别是在城市和工业区，地下电缆的应用极大地减少了输电线路的占地面积和环境影响，提升了输电系统的美观性和安全性。

20 世纪 30 年代，电力电子技术开始萌芽，为电力系统引入了新的控制手段。电力电子器件如二极管、晶闸管等的发明和应用，使得电力系统能够进行更加精确和快速的控制。通过电力电子技术，电力系统实现了从传统的机械控制向电子控制的转变，大大提高了自动化水平。例如，电力电子技术在调压、调速和保护等方面的应用，使得电力系统的响应速度和控制精度得到了显著提升。这一时期，电力系统的自动化水平不断提高，逐步实现了从人工操作向自动控制的过渡。调度系统和保护系统的自动化，使得电力系统能够更快速地响应负荷变化和故障情况，提高了运行效率和可靠性。特别是在发电厂和变电站，通过自动化设备的应用，实现了对发电、输电和配电全过程的监控和控制，以确保电力系统安全稳定地运行。

通过建立区域性和国家级电网，电力系统实现了资源共享和互补，提高了供电的可靠性和经济性。电力网络的互联，使得不同地区的电力资源可以互通有无，充分利用各地的发电资源。特别是在遇到自然灾害和重大故障时，电力系统的互联互通可以迅速调配电力资源、恢复供电，提高了抗风险能力。20 世纪中期，随着电力技术的不断进步和应用范围的不断扩大，电力系统逐步成为现代工业和社会生活的基础设施。电力传输和分配技术的提升，不仅推动了工业生产的自动化和电气化，也极大地改善了人们的生活质量。电力的广泛应用，推动了第二次工业革命的深入发展，促进了经济和社会的快速进步。

### 三、电力系统自动化和调度技术阶段（20世纪中期至20世纪末）

这一阶段，电力系统的自动化和调度技术得到了快速发展，极大地提升了电力系统的运行效率和可靠性。计算机技术的进步为电力系统的智能化控制奠定了基础，使得电力调度、负荷预测和故障诊断技术得以迅速普及和发展。20世纪60年代，计算机在电力系统中的应用逐渐普及，推动了电力系统从手工操作向自动化控制的转变。通过计算机技术，电力调度中心可以实时监控电力系统的运行状态，进行负荷预测和发电调度。计算机的高速计算能力和数据处理能力，使得调度中心能够及时响应电力需求的变化，优化发电和输电方案，提高系统效率。同时，负荷预测技术的发展，使得电力公司能够提前准备应对高峰负荷，保障电力供应的连续性和可靠性。

计算机技术的应用，使得故障诊断从传统的人工检测发展到自动化监测和分析。通过实时数据采集和智能算法，电力系统能够快速检测和定位故障，及时采取措施修复故障。例如，电力系统中广泛应用的 SCADA（监控和数据采集）系统，通过实时监测电力设备的运行状态，能够在故障发生时立即报警，并指导维修人员进行快速处理。高压直流输电（HVDC）技术的成熟，是这一阶段电力传输技术的重大突破。HVDC 技术通过高压直流电进行长距离电力传输，相比传统的交流输电具有更高的传输效率和更低的损耗。HVDC 技术的应用，不仅提高了远距离输电的可靠性，还解决了跨区域电力互联的技术难题。例如，北欧国家通过 HVDC 技术实现了跨海电力传输，充分利用了各国的可再生能源资源，提高了电力系统的整体效率。

20世纪70年代的能源危机，促使各国重视能源管理和节能技术的发展。这一时期，能源管理技术得到广泛的应用，通过优化能源使用。电力系统中引入了节能设备和技术，如高效变压器、节能电机等，减少了电力损耗和能耗。同时，能源管理系统（EMS）的应用，通过计算机技术对电力系统的能量流进行实时监控和优化调度，实现了电力资源的高效利用。风能、太阳能等可再生能源技术逐渐成熟，并开始在电力系统中得到应用。计算机技术在可再生能源发电中的应用，使得风力发电和光伏发电系统能够实现自动化控制和优化调度。例如，风力发电机组能够根据风速和风向自动调整运行状态，提高发电效率。光伏发电系统通过实时监测太阳能辐射强度和电池板温度，优化光电转换效率，增加发电量。

20世纪末期，分布式发电技术和微电网的概念逐渐兴起。分布式发电是指在靠近负荷中心的小规模发电设施，实现分布式电源的协调控制和优化运行。微电网则是由多个分布式电源、储能装置和负荷组成的独立电力系统，通过智能控制，实现与大电网的灵活对接和独立运行。分布式发电和微电网的应用，提高了电力系统的灵活性和抗扰能力，推动了电力系统向智能化和分布式方向发展。

## 四、可再生能源和智能电网阶段（21世纪初至今）

可再生能源技术和智能电网技术成为电力工程技术发展的重点领域。风能、太阳能等可再生能源的快速发展，推动了电力系统向清洁、低碳方向转型。这一阶段，电力系统在清洁能源的利用和智能化管理方面取得了显著进展。风力发电通过利用风能转化为电能，其技术不断进步，风力发电机组的效率和可靠性大幅提升。太阳能发电，特别是光伏发电技术，通过太阳能电池板将太阳能直接转换为电能，在全球范围内得到广泛应用。这些技术的发展不仅减少了对化石燃料的依赖，也显著降低了温室气体排放。

智能电网通过先进的传感器、通信和控制技术，实现了电力系统的实时监测、快速响应和智能调度。传感器技术的进步，使得电力系统可以实时获取各个环节的运行数据，从而进行精确控制和管理。通信技术的发展，使得电力系统各部分能够高效地互联互通，确保信息的快速传递和处理。控制技术的进步，使得电力系统能够智能化地进行调度和优化，提高了系统的运行效率和稳定性。分布式能源、微电网和储能技术的发展，进一步提升了电力系统的灵活性和稳定性。分布式能源系统通过小规模的发电设施，如小型风电、光伏发电等，直接在负荷点附近进行发电，减少了长距离输电的损耗。微电网则通过将多个分布式能源、储能装置和负荷集成在一起，形成一个独立的电力系统，能够在与大电网连接或独立运行之间灵活切换。储能技术的发展，如锂电池、飞轮储能等，能够在电力需求低谷时存储电能，在需求高峰时释放电能，提高电力系统的可靠性和稳定性。

智能电网还支持电动汽车的普及和需求侧管理，实现了电力供应和需求的动态平衡。电动汽车作为清洁能源的重要应用，具有广泛的社会和环境效益。智能电网通过实时监控和调度电动汽车的充电过程，优化充电时间和电量，减轻电网的负荷压力。需求侧管理则通过激励用户在电力需求低谷时段用电，减少高峰时段的电力负荷，提高电力系统的运行效率和稳定性。例如，通过动态电价机制，用户可以根据电价调整用电计划，降低用电成本，同时缓解电网压力。此外，可再生能源和智能电网的发展还促进了大数据和人工智能技术在电力系统中的应用。大数据技术通过对电力系统运行数据的采集和分析，能够发现系统运行中的潜在问题和优化机会。人工智能技术则通过机器学习和智能算法，对电力系统进行预测和优化控制，提高系统的运行效率和可靠性。例如，通过人工智能技术，可以实现对风电和光伏发电的精准预测，提高可再生能源的利用率。

智能电网和可再生能源的发展也推动了国际合作和标准化进程。全球范围内，各国在电力技术和标准方面加强合作，推动可再生能源和智能电网的共同发展。例如，通过国际电工委员会（IEC）等标准化组织，各国共同制定电力系统的技术标准和规范，促进技术的互通互用和市场的统一。

# 第三节 电力工程技术的应用领域

## 一、发电领域

利用火力、水力和核能等传统方法，通过燃烧化石燃料、利用水的位能和核反应产生电能。传统发电技术在提高发电效率和减少污染方面不断进步。此外，风力发电、太阳能发电、生物质能发电等可再生能源技术迅速发展，减少了碳排放和环境污染，推动了电力系统向绿色能源转型。

## 二、输电和配电领域

高压输电（HVDC）技术实现了长距离电力传输，减少了电能损耗，提高了传输效率和可靠性[1]。特高压输电（UHV）用于超长距离和大容量电力传输，进一步提升传输效率，解决跨区域电力调度问题。智能配电网络通过智

---

[1] 刘克宇. 工程机械机电一体化技术的发展与应用研究 [J]. 造纸装备及材料，2021，50（9）：90-91.

能传感器和自动控制技术，优化配电网络运行，从而提高电力供应的稳定性和可靠性。

## 三、电力系统调度与控制领域

SCADA 系统（监控和数据采集系统）实现对电力系统的实时监控、远程控制和故障诊断。EMS 系统（能源管理系统）通过优化电力系统调度和控制，实现高效的能源利用和系统可靠性。先进的调度和控制技术确保了电力系统的安全、稳定运行，提升了整体效率。

## 四、电力设备制造领域

变压器用于电压转换，提高输电效率，减少电力损耗，广泛应用于电力系统中各级电压的转换。断路器保护电力系统免受过载和短路损坏，确保系统的安全稳定运行。电力电缆用于传输电能，采用新型材料和设计，提升传输效率和耐用性，适用于各种环境条件。

## 五、智能电网与物联网领域

智能电表实时监测和记录电力消耗，提高用电管理的精确性，支持用户与电网之间的互动。智能传感器和控制装置实现电力系统的全面监控和优化管理，提高系统透明度和响应速度，支持电力系统的智能化发展，增强电力供应的可靠性。

## 六、电动汽车与充电基础设施领域

电动汽车技术采用高效电机和电池技术，实现零排放和高能效，推动绿色交通的发展。充电基础设施包括快充技术和智能充电管理系统，确保电动汽车的便捷使用，优化电力系统的负荷管理，减少高峰负荷对电网的压力。

## 七、可再生能源集成领域

风能与光伏发电利用风力和太阳能进行发电，减少对化石燃料的依赖，推动可再生能源的广泛应用。储能技术包括锂电池、飞轮储能等的应用，提高了电力系统的稳定性和可靠性。智能调度系统通过优化调度算法，实现电力系统的灵活调度，提升整体能源利用效率。

### 八、能源管理与节能技术领域

能源管理系统（EMS）通过实时监控和智能调度，实现能源的高效利用，平衡供需，优化能源使用，降低能源消耗。节能设备和技术如高效电机、节能照明、智能家居系统等。

### 九、工业自动化与控制领域

PLC 和 DCS 系统（可编程逻辑控制器和分布式控制系统）实现工业生产过程的高效、稳定运行，提升自动化水平。工业机器人应用于制造业、石油化工和冶金等行业，推动工业自动化发展。

### 十、电力系统保护与安全领域

继电保护装置快速识别和处理故障，防止事故扩展和设备损坏，确保电力系统的安全运行。自动重合闸装置自动恢复故障后的电力供应，减少停电时间，提高供电可靠性。故障录波器记录故障发生的详细信息，帮助分析和处理故障，提升系统的安全性和稳定性。

## 第四节　电力工程技术的发展前景

### 一、可再生能源的广泛应用

可再生能源技术的持续进步将大大推动风能、太阳能、生物质能等在电力系统中的广泛应用。技术成本的降低和效率的提高是这一进程的重要推动力。风能技术的发展使得风力发电机组的效率和可靠性不断提升，成本逐年下降，成为全球电力系统的重要组成部分。太阳能技术，尤其是光伏发电，随着光伏电池材料和制造工艺的改进，发电效率显著提高，成本不断下降，使得太阳能发电在全球范围内得到广泛的应用[1]。生物质能作为一种可

---

[1] 王佳琦．机电一体化在化工工程机械中的运用：评《化工机械基础》[J]. 热固性树脂，2020，35（6）：77.

再生能源，通过技术创新，生物质能发电的效率和环保性能也在不断提升，进一步促进了其在电力系统中的应用。未来，随着这些可再生能源技术的进一步发展和成熟，电力系统将越来越依赖于清洁能源。这不仅有助于降低碳排放，缓解气候变化，还将促进能源结构的优化和可持续发展。风能和太阳能的广泛应用将大幅度减少温室气体排放，保护环境的同时也减少了对有限化石燃料资源的依赖。生物质能利用农业废弃物和有机垃圾进行发电，既解决了废弃物处理问题，又提供了清洁能源。

风电和光伏发电的度电成本（LCOE）逐渐下降，在许多地区已经低于传统的化石燃料发电方式，具有明显的经济优势。这一趋势将继续推动可再生能源在全球电力市场中的份额不断扩大。此外，储能技术的进步，如锂电池、钠硫电池和液流电池等新型储能技术的发展，使得可再生能源的间歇性问题得以缓解，提高了电力系统的稳定性和可靠性。各国政府通过制定激励政策、提供财政补贴和设定可再生能源发展目标，积极推动可再生能源的发展。例如，许多国家已经设立了可再生能源配额制度（RPS），要求电力公司在其发电组合中必须包含一定比例的可再生能源。此外，碳交易市场和碳税政策的实施，也进一步促进了可再生能源的应用。

可再生能源的广泛应用还将推动相关产业的发展，带动经济增长和就业机会的增加。风电和光伏产业链上的各个环节，包括设备制造、安装、运营和维护等，都将创造大量就业机会，促进经济发展。在技术进步、政策支持和市场需求的共同作用下，未来的电力系统将更加绿色、高效和可持续。

## 二、储能技术的突破

新型储能材料和技术的突破，如固态电池、液流电池和超级电容器，将提升储能系统的容量和效率。随着这些技术的不断进步，储能系统将在电力系统中发挥更重要的作用。固态电池以其高能量密度和安全性成为未来储能技术的重要方向。固态电池的应用不仅可以提高储能系统的能量密度，还能延长使用寿命，降低安全风险。液流电池则凭借其独特的电解质液体循环系统，实现了大规模储能的稳定性和灵活性。液流电池可以在较长时间内保持高效能量存储，适用于大规模可再生能源电站的储能需求。超级电容器以其快速充放电特性，在需要快速响应的储能应用中表现出色。高效可靠的储能技术不仅可以平衡电力供需，还能在电力需求高峰时提供电力支持，降低电网负荷压力。储能系统通过在电力需求低谷时储存多余电能，实现电力的平滑输出，以确保电力供应的稳定性和安全性。先进的储能技术还可以在电网出现故障或自然灾害时提供应急电力支持，增强电力系统的抗风险能力。

分布式能源系统和微电网通过储能技术的支持，可以实现能源的本地化生产和使用，减少长距离输电带来的损耗和风险。储能系统的应用使得分布式能源和微电网能够更灵活地应对负荷变化。特别是在偏远地区和离网区域，储能技术可以提供稳定的电力供应，改善当地居民的生活质量。电动汽车不仅是交通领域的清洁能源解决方案，还可以通过与电网的双向互动，实现电力储能和调节。电动汽车的电池在夜间充电，白天高峰时段将储存的电能回馈电网，成为移动的储能单元。智能充电管理系统的应用可以优化充电时间和电量，平衡电网负荷，提升电力系统的稳定性和可靠性。

各国政府通过制定激励政策、提供财政补贴和设定储能发展目标，积极推动储能技术的研发和应用。例如，许多国家已经设立了储能补贴政策，鼓励企业和个人投资储能系统。碳交易市场和碳税政策的实施也将促进储能技术的应用，推动可再生能源的发展。储能技术的突破不仅将改变电力系统的运行模式，还将带来新的商业机会和经济增长点。储能产业链上的各个环节，包括材料研发、设备制造、系统集成和运营维护等。储能技术的发展将推动能源行业的转型升级，为实现低碳经济和可持续发展提供强大的动力。

## 三、电动汽车和充电基础设施

电动汽车的普及和充电基础设施的完善将推动电力需求的增长，并带来新的挑战和机遇。电动汽车的大规模普及将显著增加电力需求，对电力系统的容量和稳定性提出更高要求。传统电网需要应对高峰负荷增加带来的压力，这要求对电力系统进行相应的升级和扩展，以满足不断增长的电动汽车充电需求。智能充电技术的发展将为电动汽车充电提供更高效和灵活的解决方案。通过智能充电系统，可以实现充电时间和电量的优化管理，避免充电高峰时段的电网过载。智能充电系统能够根据电力需求和供应情况，动态调整充电速率和时间，分散负荷，平衡电网运行。这样不仅可以提高电动汽车充电的效率，还能减少对电网的冲击，从而提升整体电力系统的稳定性和可靠性。

车辆与电网（V2G）技术的应用将进一步提升电动汽车与电力系统的互动性。V2G 技术允许电动汽车在非使用时间段将电池中的电能回馈电网，作为储能单元参与电力调节。通过 V2G 技术，电动汽车不仅是电力的消费者，还可以成为电力的供应者，在电力需求高峰时段为电网提供电力支持，缓解电网压力。V2G 技术的广泛应用将极大地增强电力系统的灵活性，促进电力资源的优化配置。充电站的布局和建设需要考虑到电动汽车用户的便捷性和电网的负荷管理。未来的充电基础设施将更加智能化，通过先进的通信和控制技术，实现对充电过程的实时监控和管理。快充技术的推广也将显著缩短充电时间，提高用户的使用体验，促进电动汽车的普及。

各国政府通过制定激励政策、提供财政补贴和设定电动汽车发展目标，积极推动电动汽车产业的发展。例如，许多国家已经设立了充电基础设施建设补贴政策，鼓励企业和个人投资充电站建设。电动汽车和充电基础设施的发展还将带来新的商业机会和经济增长点。电动汽车产业链上的各个环节，包括电池制造、车辆生产、充电设备制造和运营等。智能充电和 V2G 技术的应用也将推动能源行业的转型升级。

## 四、高效电力电子技术

电力电子技术的快速进步正不断提升电力系统的整体效率和性能。随着新型半导体材料的应用，特别是碳化硅（SiC）和氮化镓（GaN）的引入，电力电子器件的效率得到了显著提升。这些材料不仅能够实现更高的效率，还能提供更高的功率密度和更高的工作温度，极大地拓展了电力电子器件的应用范围。具体来说，碳化硅和氮化镓材料的使用，使得电力电子器件在高压、大功率条件下仍能保持稳定运行，大幅降低了能量损耗，提高了系统的可靠性。不仅如此，电力电子技术的进步还推动了电力系统各个环节的升级。

从发电、输电、配电到用电设备，高效的电力电子技术都在发挥着关键作用。例如，在发电领域，高效的逆变器技术能够显著提升光伏发电和风力发电的转换效率，使得清洁能源的利用率大幅提高。在输电和配电环节，高效的电力电子器件能够减少传输过程中的能量损耗，确保电能的高效传输和分配。

用电设备中高效电力电子技术的应用也在不断扩展。以电动汽车为例，高效的电力电子控制系统能够提高电池的能量利用效率，延长车辆的续航里程，提升用户的使用体验。此外，高效电力电子技术在工业领域的应用，如在电机控制、变频器等方面，也大大提高了设备的能效，降低了能耗，为企业节省了运营成本。

## 五、人工智能和大数据

随着技术的不断发展，人工智能（AI）和大数据技术在电力工程中的应用日益广泛。这些技术的结合，能够通过大数据分析和机器学习算法，对电力系统进行全面的预测性维护，从而大幅提升系统的稳定性和可靠性。通过对大量运行数据的实时分析，AI 技术可以精准预测潜在的设备故障，提前进行维护，避免故障的发生，减少停电事件的影响。人工智能和大数据技术在电力系统中的故障诊断方面也展现出了巨大的潜力。传统的故障诊断方法往往依赖于人工经验和预设的故障模型，而 AI 技术则可以通过深度学习算法，从海量历史故障数据中学习，自动识别并诊断复杂的故障情况。这样不仅提高了故障诊断的准确性和速度，也减轻了运维人员的工作负担。

通过对电力需求、天气情况、发电设备状态等多种因素的综合分析，智能算法可以优化发电计划和电力调度方案，提高电力资源的利用效率，降低能源浪费。特别是在新能源发电方面，AI 技术可以根据天气变化预测风电和光伏发电的输出，调整调度策略，确保电网的稳定运行。人工智能技术还将大大提高电力系统的自主决策能力。传统的电力系统调度往往依赖于预设的规则和人工干预，而 AI 技术则可以实现自适应调节，根据实时数据和环境变化自动调整运行参数，提高系统的灵活性和适应性。例如，在电网负荷剧烈波动时，AI 系统可以快速响应，自动调节发电和负荷分配，确保供电的连续性和稳定性。

从运行效率和安全性的角度来看，AI 和大数据技术的应用无疑为电力系统带来了巨大的提升。通过智能化的监控和调度，电力系统可以在保障安全的前提下，实现高效运行。此外，AI 技术还可以在电力系统安全防护中发挥作用，通过对网络攻击和安全事件的实时监测和分析，及时发现并应对潜在威胁，保障电力系统的安全稳定。

## 六、微电网和分布式能源

在现代电力系统中,微电网和分布式能源技术的快速发展,显著增强了系统的弹性和灵活性。微电网作为一种能够与主电网连接或独立运行的小型电力系统,在能源管理和供电可靠性方面展现出极大的优势。通过灵活切换运行模式,微电网可以在主电网故障时独立供电,确保关键负荷的持续供电,极大地提高了供电的可靠性和稳定性。通过结合本地分布式能源,如光伏系统和小型风力发电系统,微电网能够实现能源的本地化生产和消费,减少电力在传输过程中的损耗。同时,微电网可以根据实时负荷和发电情况,灵活调度各类能源,优化能源使用效率,降低能源成本,提升整体经济效益。

家庭光伏系统和小型风力发电系统等分布式能源技术,使得居民和小型企业可以自主生产和使用清洁能源,减少对传统大规模集中式发电的依赖。这不仅有助于减少输电损耗,还能缓解电网的负荷压力,提高整个电力系统的运行效率。利用太阳能和风能等清洁可再生能源,可以有效减少化石燃料的使用,降低温室气体排放,推动能源结构向绿色低碳转型。特别是在能源需求增长迅速的地区,分布式能源可以快速部署,满足局部能源需求,减缓对环境的负面影响。

通过智能电表、传感器和大数据分析技术,微电网可以实现对能源流动的实时监控和优化管理,构建高效、智能、互动的能源网络。这样一来,不仅提高了能源利用效率,还增强了系统的弹性和适应性,为应对突发事件和极端天气提供了有力的保障。随着分布式能源发电成本的逐步降低,越来越多的个体和企业参与到能源生产和交易中来,形成了更加灵活和开放的能源市场。这种多样化的能源供给模式,不仅有助于降低能源价格,还能提高能源供应的安全性和稳定性。

## 七、高压直流输电(HVDC)技术

高压直流输电(HVDC)技术在现代电力传输系统中占据着重要地位,尤其在长距离、大容量电力传输方面展现出无可比拟的优势。HVDC 系统变得更加高效和可靠,能够在减少输电损耗的同时,确保稳定的电力传输。

尤其在需要跨越复杂地形和长距离传输电力时，HVDC 技术的应用显得尤为重要，因为它能够显著降低电力损失，提高传输效率。未来，随着全球电力需求的增长和能源资源分布的不均衡，HVDC 技术将成为实现全球能源互联的重要手段。通过 HVDC 系统，世界各国可以更灵活地进行电力交换，优化能源资源的配置，充分利用各地的可再生能源。这种跨国、跨洲的电力互联，不仅可以缓解能源短缺问题，还能提高能源利用效率，推动全球能源的可持续发展。

在推动全球能源互联网建设方面，HVDC 技术的发展无疑是一个重要的推动力。全球能源互联网的核心理念是通过超高压电网连接各大洲的电力系统，实现能源资源的全球配置和利用。HVDC 技术由于其在长距离、大容量传输中的优势，成为这一愿景实现的关键技术之一。通过 HVDC 技术，可以将远距离的可再生能源，如沙漠中的太阳能和海上的风能，输送到能源需求量大的地区，进而实现能源的高效传输和利用。在当前全球能源转型的大背景下，越来越多的国家开始重视并投资于可再生能源。然而，可再生能源的分布往往与能源需求的地理位置不匹配。HVDC 技术可以将偏远地区丰富的可再生能源资源，输送到能源需求旺盛的城市和工业中心，从而提高可再生能源的利用率，推动全球能源结构的绿色转型。

HVDC 技术的应用还能够提升电网的稳定性和可靠性。在传统交流电网中，长距离输电容易引发功率损耗和电压不稳定等问题，而 HVDC 系统则能够避免这些问题，提供更加稳定的电力传输。尤其在超长距离输电和跨国电力互联中，HVDC 技术可以有效减少电力传输中的损耗，确保电力供应的稳定性和可靠性，为全球能源互联网的建设提供强有力的技术保障。

## 八、可再生能源的智能调度和优化

未来的电力系统将显著依赖于可再生能源的智能调度和优化，以实现更高效和经济的能源利用。借助先进的调度算法和优化模型，电力系统可以对风能、太阳能等可再生能源进行精确管理，确保这些资源被最大限度地利用。智能调度技术通过实时分析和预测，可有效减少弃风、弃光现象，从而提升可再生能源的整体利用率和经济效益。先进的调度算法可以帮助电力系统平衡供需关系，优化能源分配。通过大数据和人工智能技术，调度系统能够实时监控可再生能源的发电情况，并根据需求调整供电策略。这样的智能化调度方式，不仅可以提高可再生能源的使用效率，还能在用电高峰期有效地调节电网负荷，减少对传统化石能源的依赖，降低碳排放，实现绿色发展目标。

通过精确的预测模型，智能调度系统可以提前掌握风能和太阳能的发电趋势，制订合理的调度计划。例如，在风速较高或阳光充足的时段，调度系统可以增加对风电和光伏发电的接入比例，充分利用自然资源发电；而在风速降低或日照不足的情况下，则通过优化调度其他能源，保证电力供应的连续性。储能系统作为调节电网供需平衡的重要工具，可以在可再生能源发电过剩时储存电能，并在发电不足时释放电能。智能调度系统通过对储能设备的精确控制，能够实现能源的合理储存和释放，提高可再生能源的利用效率，减少弃风、弃光现象。同时，储能系统的应用还可以提高电网的可靠性和稳定性，为大规模可再生能源接入提供有力的支持。

通过减少能源浪费和优化资源配置，电力系统可以降低运营成本，提高发电收益。智能调度系统可以通过市场化手段，灵活调整电价，激励更多的可再生能源接入，提高整体能源市场的效率和竞争力。此外，智能调度技术还可以支持分布式能源和微电网的发展，促进能源的本地化生产和消费，进一步提升经济效益。

# 第五章　电力系统的设计与运行

## 第一节　电力系统的结构与组成

### 一、发电系统

#### (一)火力发电

利用煤、天然气或石油等化石燃料,通过燃烧产生热能,再通过蒸汽驱动发电机发电。火力发电占全球发电量的较大比例,但会产生大量温室气体和污染物。

#### (二)水力发电

利用水的势能,通过水轮机带动发电机发电。水力发电清洁可再生,但受地域和气候条件限制。

#### (三)风力发电

利用风能驱动风力涡轮机发电。风力发电无污染、可再生,但发电量受风速影响较大[①]。

#### (四)太阳能发电

利用光伏电池将太阳能直接转化为电能,或通过太阳能热发电系统发电。太阳能发电环保,但效率受光照条件限制。

#### (五)核能发电

利用核反应产生的热能,通过蒸汽驱动发电机发电。核能发电效率高,

---

① 李捷. 机电一体化技术在智能制造中的应用 [J]. 工程技术研究, 2019, 4(23): 243-244.

但存在核废料处理和安全风险问题。

## 二、输电系统

### (一)高压输电线路

通过架空线或地下电缆,将电能从发电厂输送到负荷中心。高压输电可以减少传输损耗,提高效率。

### (二)超高压直流输电

适用于长距离、大容量输电,具有较低的线路损耗和更高的稳定性,尤其适用于跨国、跨洲的电力传输。

## 三、配电系统

### (一)配电变压器

将高压电能转换为低压电能,适用于终端用户的使用。配电变压器通常设置在变电站或负荷中心附近。

### (二)配电线路

将电能从配电变压器输送到各个用户,包括架空线路和地下电缆。配电线路需要高效、稳定地传输电能,以确保供电可靠性。

### (三)配电柜

用于配电系统中的电能分配和控制,内含断路器、继电器等设备,起到保护和管理电能分配的作用。

## 四、用电系统

### (一)居民用电

居民用电包括家庭日常生活所需的电能,如照明、电器、取暖和制冷等。居民用电通常要求电能供应稳定、安全。

### (二) 商业用电

商业用电涉及商业场所的电能需求，如办公楼、商场、酒店等，通常需要较高的电能质量和可靠性。

### (三) 工业用电

工业用电包括工厂和生产线的电力需求，通常为大功率设备供电，对电能的稳定性和连续性要求较高。

### (四) 农业用电

农业用电包括灌溉、畜牧养殖等农业生产活动的电力需求，要求电力供应适应季节性和地域性变化。

## 五、调度与控制系统

### (一) 电力调度中心

负责整个电力系统的协调和控制，通过实时监控和调度，确保电力供应的平衡和稳定。

### (二) 自动化控制系统

利用计算机和通信技术，实现对发电、输电、配电和用电设备的自动控制和管理，提高电力系统的运行效率和可靠性。

## 六、保护系统

### (一) 继电保护设备

用于检测电力系统中的故障情况，并在故障发生时快速切断故障部分，防止故障扩展和设备损坏。

## (二) 断路器

在故障情况下，断路器能够快速切断电流，保护电力设备和线路安全。现代断路器多采用智能化设计，具备自动重合闸功能。

## 七、通信与信息系统

### (一) 通信网络

通信网络包括光纤通信、无线通信和卫星通信等，以确保电力系统各个环节之间的信息传递和数据交换。

### (二) 信息系统

信息系统用于采集、传输和处理电力系统中的各种数据，支持电力系统的监控、调度和管理。智能电网和大数据技术在信息系统中得到广泛的应用。

## 八、储能系统

### (一) 蓄电池储能

通过蓄电池储存电能，在电力需求高峰时释放，提高电网的稳定性和灵活性。

### (二) 飞轮储能

利用飞轮的旋转动能储存电能，响应速度快，适用于电网调频和瞬时功率补偿。

### (三) 压缩空气储能

通过压缩空气储存能量，在需要时释放，通过空气膨胀驱动发电机发电，具有大规模储能能力。

# 第二节　电力系统的设计原则

## 一、安全可靠性原则

电力系统作为现代社会的重要基础设施，其安全性和可靠性直接关系到社会的正常运转和人民的生活质量。为了防止电力事故的发生，设计者必须采取一系列预防和应急措施，以应对可能出现的各种故障和突发状况。应当对电力系统的各个环节进行全面的风险评估，识别潜在的危险源，并制定相应的防控措施。通过建立完善的监测和预警机制，可以实时掌握系统的运行状态，从而防止小问题演变成大事故。

在设计电力系统时，需要考虑到各种可能的故障模式，如短路、过载、设备老化等，并为每种故障配置相应的保护装置。例如，在电网中可以设置过电流保护、过电压保护、接地保护等多种保护措施，形成一道坚固的安全屏障。此外，针对关键设备和重要节点，还应设置冗余设计，确保在一处出现故障时，其他设备能够迅速接替工作，保持系统的连续运行。为了在系统故障时能迅速恢复和稳定运行，必须建立有效的应急响应机制和恢复方案。当电力系统出现故障时，迅速准确地隔离故障区域，防止故障扩散，是保证系统稳定的关键。设计者应根据电力系统的特点和运行环境，制定详细的应急预案，包括故障检测、故障隔离、负荷转移、备用电源启动等步骤，以确保在最短的时间内恢复供电。此外，定期进行应急演练和设备检修，也是保证系统安全可靠的重要措施，通过演练可以检验应急预案的可行性，发现和解决潜在的问题。

电力系统的安全性和可靠性还与设备的质量和技术水平密切相关。选择高质量、高可靠性的设备是设计电力系统时必须考虑的因素。设备在运行过程中不可避免地会出现老化和损坏，因此，设计者应充分考虑设备的寿命周期，制订科学的设备维护和更新计划，确保设备始终处于最佳工作状态。同时，随着科技的进步，不断引入新技术和新设备，提高电力系统的技术水平，也是提升系统安全可靠性的有效途径。

## 二、经济性原则

在确保系统安全可靠的基础上，尽可能降低建设和运行成本是实现可持续发展的关键。需要通过科学合理规划设计、优化资源配置，减少不必要的投资浪费。在规划阶段，设计者应充分考虑区域电力需求的变化趋势，进行负荷预测和需求分析，合理配置电源点和输配电网络，避免重复建设和资源浪费。通过采用先进的技术手段和优化调度策略，可以提高设备的利用率，减少闲置资源的浪费。例如，智能电网技术的应用可以实现电力资源的动态调配，实时监控和调整电力供应，确保电力系统高效地运行。

经济性原则还要求在电力系统建设和运行中，充分考虑生命周期成本，而不仅仅是初始投资成本[①]。在设备选型和工程建设中，虽然一些高效节能的设备和技术初始投资较高，但从长远来看，这些投入能够显著降低运行和维护成本，实现整体经济效益的最大化。因此，设计者应在设备选型时综合考虑其全生命周期的经济性，选择性价比最优的方案。此外，经济性原则还强调通过技术创新和管理优化，进一步降低电力系统的运行成本。技术创新是提高系统效率和降低成本的重要驱动力。例如，通过引入先进的电力电子技术、新材料和智能化控制系统，可以提高电力系统的运行效率和稳定性，降低故障率和维护成本。管理优化方面，采取精细化管理和科学调度策略，合理安排检修和维护计划，减少非计划停电和设备故障，确保系统高效稳定地运行。在确保经济性的同时，也要考虑电力系统的环保效益。通过推广使用可再生能源和清洁能源，可以减少对传统化石能源的依赖，降低污染物排放，实现经济效益与环境效益的双赢。

## 三、可扩展性原则

电力需求随着经济发展和人口增长而不断增加，因此电力系统需要预留足够的扩展空间，以应对未来可能的变化。在规划电力系统时，应充分考虑区域发展的长远需求，科学预测未来的电力负荷增长趋势。这种前瞻性规划有助于避免因电力需求超出预期而导致的系统紧张和供电不足，从而保证系统的长期稳定运行。模块化设计不仅可以提高系统的灵活性和适应性，还

① 郑永锋. 高职机电一体化专业项目驱动课程体系研究 [D]. 金华：浙江师范大学，2014.

能简化系统的扩展和升级过程。通过将电力系统划分为若干功能模块，如发电模块、输电模块、配电模块等，各模块之间通过标准接口进行连接和通信，可以实现系统的分步建设和逐步扩展。这样，当需要增加电力供应或引入新技术时，只需在现有系统基础上增设或更换相应的模块，便可迅速实现系统的扩展和升级，既节省了时间和成本，又避免了对现有系统的干扰。

电力技术日新月异，新设备、新材料、新技术不断涌现。设计电力系统时，应充分考虑这些技术进步对系统可能带来的影响，预留一定的技术升级空间。例如，在选择设备时，应尽量选用具备技术升级接口或支持软件更新的设备，以便在新技术出现时能够方便地进行更新换代。同时，设计系统时应预留足够的物理空间和电力容量，以便未来能够引入更多的新设备和新技术。为了实现电力系统的可扩展性，还需要建立灵活的电网架构。灵活的电网架构可以通过智能调度和动态调整，实现不同电力资源的高效整合和优化配置。例如，智能电网技术的应用，可以实现电力系统的自适应调整和智能控制，提高系统的灵活性和可扩展性。此外，通过采用分布式能源系统，可以在现有电网基础上灵活增加分布式发电单元，如太阳能、风能等，满足局部负荷增长需求，增强系统的扩展能力。

为了进一步保证电力系统的可扩展性，设计者还应注重系统的兼容性和标准化。通过制定统一的技术标准和接口规范，确保不同设备和技术之间的互联互通，可以实现系统的无缝扩展和升级。例如，制定统一的通信协议、接口标准和数据格式，可以确保新设备和新技术能够顺利集成到现有系统中，提高系统的兼容性和可扩展性。

### 四、环境保护原则

随着全球环境问题的日益严重，采用环保技术和设备，减少电力系统对环境的负面影响已成为电力行业的重要任务。在电力系统的规划和建设中，应优先选择低污染、低能耗的环保设备和技术。例如，高效节能的变压器和电机、低损耗的输电线路以及智能化的监测和控制设备，这些措施都能有效降低电力系统的能耗和污染物排放，减少对环境的破坏。可再生能源，如太阳能、风能、水能和生物质能等，不仅资源丰富，而且对环境的影响较小。通过在电力系统中大力推广和应用可再生能源，可以优化能源结构，减少对化石能源的依赖，从而降低二氧化碳和其他温室气体的排放。特别是在分布式能源系统中，利用太阳能和风能等可再生能源进行发电，不仅可以满足局部用电需求，还能有效减少输电损耗。

电力系统的环境保护原则还包括对废弃物的处理和资源的循环利用。在电力系统的运行和维护过程中，会产生大量的废弃物和废旧设备，这些废弃物如果处理不当，会对环境造成严重污染。因此，设计和运行电力系统时，应制定完善的废弃物处理和资源回收利用方案。例如，通过引入先进的废弃物处理技术，将废弃物转化为可再利用资源，或者对废旧设备进行回收处理，减少对环境的污染，实现资源的循环利用和可持续发展。此外，环境保护原则还要求电力系统在设计和运行中，充分考虑对生态环境的保护。例如，在建设输电线路和变电站时，应尽量避开生态敏感区和自然保护区，减少对动植物栖息地的破坏。在进行大规模电力工程建设时，应进行环境影响评估，制定相应的环保措施，最大限度地减少施工过程中的环境影响。通过采用环保材料和施工工艺，减少施工过程中的污染物排放，实现绿色施工。

通过加强公众参与和宣传教育，提高公众的环保意识，可以促进全社会共同关注和参与电力系统的环境保护工作。例如，通过开展环保宣传活动和公众咨询，鼓励公众参与电力项目的环境评估和监督，增强电力企业的环保责任感。同时，通过加强对员工的环保培训，提高员工的环保意识和技能，确保电力系统的环保措施能够有效落实。

## 五、智能化原则

智能化原则要求电力系统能够实现自动监测、控制和管理，从而大幅提高系统的响应速度和处理能力。通过智能化技术，可以实时监测电力系统的运行状态，收集和分析大量的数据。智能传感器和监控设备能够检测电流、电压、温度等参数的变化，及时发现潜在问题，防止故障发生。这种实时监测不仅提高了系统的安全性，还为运维人员提供了决策支持，便于快速响应和处理突发状况。智能化控制技术在电力系统中的应用，能够实现对电力资源的优化配置。通过智能调度系统，可以根据实时数据和预测模型，动态调整电力生产和分配，以确保供需平衡。特别是在高峰用电时段，智能调度可以通过负荷管理和需求响应策略，有效减少电力消耗、降低电网压力。

此外，智能化控制还可以提高新能源的利用效率，例如，通过智能逆变器和储能系统，优化太阳能和风能的发电和并网，平衡电力输出的波动性。

智能化管理系统在电力系统中的应用，可以显著提升运维效率和管理水平。现代电力系统复杂而庞大，传统的人工管理方式难以满足其高效运行的要求。引入智能管理系统，通过大数据分析和人工智能技术，可以实现设备的状态监测、故障诊断和预防性维护，减少人工操作的误差和延误。智能管理系统能够自动生成维护计划和优化运行策略，提升设备的利用率和寿命。智能电表和用户终端设备的普及，使得用户可以实时了解自身的用电情况，优化用电行为，节约能源开支。通过智能家居系统，用户还可以远程控制家电设备，实现节能管理。电力公司则可以通过用户数据分析，提供个性化服务和定制化电价方案，提高客户满意度和用户黏性。同时，智能化技术还支持分布式能源和微电网的发展，用户不仅可以是电力消费者，还可以成为电力生产者，从而实现能量双向流动和共享经济。

智能化原则不仅提升了电力系统的技术水平，还带来了管理模式和商业模式的创新。例如，基于物联网和区块链技术的能源互联网，促进了能源交易和资源共享，提高了能源利用效率和经济效益。此外，通过智能化技术的应用，电力系统还可以实现对环境和社会的综合管理，如智能电动汽车充电站的建设，推动绿色出行，减少碳排放，促进可持续发展。

## 六、协调性原则

电力系统的协调性原则是确保各部分协同工作，以实现整体性能的最佳化。电力系统包括发电、输电、配电和用电等多个环节，这些环节相互依存，任何一个环节的失误都会影响整个系统的运行。发电环节需要与输电和配电环节紧密协调，以确保电力在生产后能够顺利传输和分配。发电厂的输出需要与电网的输电能力匹配，防止电力过载或传输不畅。同时，发电厂应根据电网需求灵活调整输出功率，避免资源浪费和电网压力。输电环节作为连接发电和配电的桥梁，其重要性不言而喻。输电系统需要具备高效的传输能力和稳定性，以保证电力的远距离输送。为了实现输电系统的高效运作，必须进行科学规划和设计，选择合适的输电线路和设备，以确保电力在传输过程中损耗最小。此外，输电系统还需具备快速响应和调整能力，以应对突发故障和负荷波动，确保电力的连续供应。

配电环节是电力系统与用户直接接触的部分，其协调性直接影响用户的用电体验。配电系统需要合理布局，优化配电网结构，提高电力输送效率。通过采用智能配电技术，可以实现对配电网的实时监控和动态调度，提高配电系统的灵活性和可靠性。同时，配电系统还需与用户需求紧密结合，及时调整供电方案，满足用户的多样化需求，提升用电服务质量。用电需求具有波动性和不确定性，电力系统需要通过需求侧管理，实现对用电负荷的优化调控。智能电表和用户终端设备的应用，可以帮助用户了解用电情况，合理安排用电时间，减少高峰用电压力。同时，电力公司可以通过需求响应策略，引导用户在低谷时段用电，提升整体运行效率。

通过建立统一的信息平台，实现发电、输电、配电和用电数据的实时共享和分析，可以提高各环节的协作效率和决策水平。例如，电力调度中心可以通过实时数据监控，掌握电网运行状态，及时调整调度策略。同时，电力企业应加强内部各部门之间的协调配合，建立健全的沟通机制，确保信息传递畅通和协作高效。为了进一步提升电力系统的协调性，还需要不断引入先进技术和管理方法。例如，智能电网技术可以实现电力系统各环节的智能化调度和控制，增强系统的灵活性和适应性。大数据和人工智能技术的引入，可以帮助分析和预测电力需求，优化电力资源配置，提高系统的综合效益。此外，电力企业应加强与政府、科研机构和用户的合作，推动技术创新和管理模式的改革，提升整体协调水平。

## 七、可靠性原则

确保电力系统在各种异常情况下能够继续运行，是保障社会稳定和用户正常用电的关键。电力系统需要具备强大的抗风险能力，以应对各种自然灾害、设备故障和人为因素等带来的挑战。通过全面的风险评估和预防性措施，可以识别和消除潜在的风险源，从而减少故障的发生频率和影响范围。冗余设计的核心在于为关键设备和线路提供备用方案，以便在主系统出现故障时，备用系统能够迅速接替工作。例如，在输电系统中，可以通过双回路或多回路设计，使得任何一路出现故障时，其他线路可以立即分担负荷，以确保电力正常传输。同样，在发电系统中，可以设置备用发电机组，以应对主机组的故障和维护需求，避免因单点故障导致的供电中断。

备份措施不仅包括物理设备的冗余，还涉及数据和控制系统的备份。通过建立全面的备份机制，可以确保在系统出现问题时，能够迅速恢复正常运行。例如，关键数据和控制命令可以通过多重备份和异地存储，防止因数据丢失或系统崩溃导致的重大故障。此外，定期进行备份系统的测试和演练，也是确保备份措施有效性的必要步骤。此外，提高电力系统的可靠性还需要采用先进的监测和诊断技术。通过实时监测设备运行状态和环境参数，可以及时发现和预测可能的故障，并采取预防性维护措施。例如，在线监测系统可以监控变压器、发电机和输电线路的温度、振动、电流等参数，发现异常情况后，立即发出警报并采取相应措施，防止小故障演变成大事故。同时，故障诊断技术可以通过数据分析和模型预测，准确定位故障原因和位置，快速排除故障，恢复系统正常运行。

为了进一步增强电力系统的可靠性，还需要建立完善的应急响应机制和快速恢复方案。当电力系统遭遇突发事件时，快速、有效的应急响应是保障供电连续性的关键。应急响应机制应包括故障检测、隔离、修复和恢复等多个环节，确保在最短时间内解决问题，恢复供电。例如，智能调度系统可以实现电力负荷的快速调整和转移，防止局部故障影响整个系统的运行。同时，建立专业的应急抢修队伍和物资储备，可以在突发事件发生后，迅速开展抢修工作，确保电力供应的快速恢复。

## 八、可维护性原则

在电力系统的设计中，可维护性原则强调设计便于维护和检修的电力系统结构，旨在减少维护成本和时间。设计简洁且模块化的系统结构，可以极大地提高可维护性。模块化设计使得各组件独立，便于拆卸、更换和维修。例如，发电站和变电站中的设备可以采用标准化、模块化的设计，方便在故障时迅速更换受损部分，减少停机时间和维护难度。通过安装各种传感器和监控设备，可以实时获取电力系统的运行状态，如电压、电流、温度等参数。状态监测系统可以及时发现异常情况，发出预警信号，提醒运维人员进行检查和处理。这不仅提高了故障发现的及时性，还为维护工作提供了准确的数据支持，帮助运维人员快速定位问题，从而减少故障对系统运行的影响。

先进的故障诊断技术能够通过分析系统运行数据和历史记录，准确判断故障类型和位置。例如，智能诊断系统可以通过大数据和人工智能技术，对设备的运行状态进行综合分析，预测可能发生的故障，并提供具体的检修建议。这样，运维人员可以在故障发生前采取预防性措施，避免重大故障的发生，保证系统的稳定运行。电力系统的可维护性还体现在易于操作和维护的设计上。设备和设施的布局应合理，并要考虑到运维人员的操作便捷性。例如，开关柜和控制柜的设计应便于开启和检查，电缆和管线的布置应整齐有序，便于识别和维护。同时，设备的安装和连接应标准化，减少复杂的连接和调试过程，降低维护难度和时间。

维护人员应定期接受专业培训，熟悉设备的结构和工作原理，掌握维护和检修的技能。此外，建立完善的维护制度和流程，可以规范维护工作，提高工作效率。例如，制定详细的设备维护手册和检修计划，明确各项维护工作的内容、步骤和周期，确保维护工作有序进行，避免遗漏和疏忽。

# 第三节　电力系统的检查与维护

## 一、电力系统的检查

### (一) 发电设备检查

定期对发电机组进行全面检查，包括转子、定子、冷却系统和润滑系统，确保设备运行正常。进行性能测试，如负荷测试和效率测试，评估发电机的工作状态和发电能力。此外，安装振动传感器监测发电机组的振动情况，及时发现并处理异常振动，防止设备损坏。

### (二) 输电线路检查

定期进行输电线路巡检，检查输电塔、导线、绝缘子等设备，确保线路完好无损。使用热成像仪检测输电线路的热分布，发现过热点和潜在故障点，防止线路过热引发事故[①]。同时，检查输电线路周围的植被，及时清理可

---

① 牛璐. 机电一体化系统在农业机械工程中的应用策略 [J]. 河北农机, 2021(10): 63-64.

能影响线路安全的树木和植物，防止树木倒伏引发线路故障。

### (三) 变电站检查

定期检测变压器、断路器、开关柜等变电设备的工作状态，以确保设备正常运行。对变压器油进行油质分析，检测油中的杂质和水分含量，评估变压器的绝缘性能和散热效果。检查变电站的保护装置和自动化系统，确保其灵敏可靠，能够及时检测和隔离故障。

### (四) 配电系统检查

定期巡检配电线路，检查线路的绝缘情况、接头松紧度和线路支架的稳定性。检测配电开关设备的接触电阻和机械动作性能，确保开关设备能够正常分合闸。对地下电缆进行绝缘电阻和耐压测试，评估电缆的绝缘性能和承载能力。

### (五) 用户端设备检查

定期检测用户端的电表，确保计量准确，避免电量计量误差。检查用户端的用电设备和电气线路，确保设备接线正确、运行正常，避免用电安全隐患。对用户端的电力质量进行监测，检测电压波动、谐波和频率偏差等参数，确保供电质量。

### (六) 智能监测系统检查

检查智能电网的数据采集设备，如传感器、数据终端等，确保数据采集准确可靠。检测电力系统的通信网络，确保数据传输的稳定性和及时性，避免通信故障影响监测和控制。对电力监控软件进行维护和升级，确保软件功能完善、界面友好，能够实时监控和分析电力系统运行状态。

### (七) 环境及安全检查

定期检查电力系统的防雷装置，确保防雷设施完好，能够有效防护雷电侵害。检查变电站、配电房等场所的消防设备，确保消防设施齐全、有效，能够应对突发火灾。检查电力系统各环节的安全标识和逃生通道，确保标识清晰、通道畅通，保障人员安全。

### (八) 应急预案演练

定期开展电力系统故障应急演练，模拟故障场景，检验应急预案的可行性和应急队伍的反应能力。组织自然灾害应急演练，如地震、洪水等，确保电力系统能够在灾害发生时快速响应和恢复运行。演练结束后，进行总结和评估，发现问题并进行改进，完善应急预案，提高应急响应能力。

## 二、电力系统的维护

### (一) 定期设备维护

定期对电力系统的各类设备进行维护，包括发电机、变压器、断路器和开关柜等。设备维护应包括清洁、润滑、紧固、调整和更换易损件，以确保设备运行的可靠性和效率。例如，定期更换变压器油、清洁发电机组的冷却系统、检查断路器的机械动作和电气接触情况等。

### (二) 状态监测和诊断

利用先进的状态监测和故障诊断技术，实时监测设备的运行状态，及时发现和预测潜在故障。通过安装温度传感器、振动传感器和油质分析仪等监测设备，可以获取关键参数，并通过数据分析进行故障预判。例如，通过油质分析可以提前发现变压器内部的绝缘劣化问题，通过振动监测可以预测发电机轴承的磨损情况。

### (三) 预防性维护

根据设备的运行状况和历史数据，制订详细的预防性维护计划，提前进行维护和保养，避免突发故障。预防性维护包括定期检修、保养和性能测试，以确保设备在最佳状态下运行。例如，定期进行电缆的绝缘电阻测试，及时更换老化的电缆；对高压开关进行机械和电气性能测试，确保其可靠性。

**（四）应急维护**

建立快速响应的应急维护机制，应对突发故障和紧急情况。应急维护要求维护人员具备快速诊断和修复故障的能力，并配备必要的备件和工具。例如，发生线路故障时，维护人员应能够迅速定位故障点，进行临时修复或更换损坏部件，恢复供电。

**（五）软件和系统升级**

定期对电力系统的监控和管理软件进行升级，确保系统功能的完善和安全性。软件升级包括修复已知漏洞、优化系统性能和增加新功能，提升系统的智能化和自动化水平。例如，升级电力调度系统的软件，提高调度算法的效率和精确性；升级智能电网管理系统，增强数据处理和分析能力。

**（六）设备校准和测试**

定期对测量和保护设备进行校准和测试，确保其准确性和可靠性。校准和测试包括电表、继电保护装置和各种传感器，确保测量数据的准确和保护装置的可靠动作。例如，定期校准电能表，保证计量准确；对继电保护装置进行整定和测试，确保其在故障发生时能准确动作。

**（七）培训与技能提升**

定期对维护人员进行培训，提高其技能和知识水平，确保其能够胜任维护工作。培训内容包括新设备的操作和维护、新技术的应用和安全操作规程等。例如，组织维护人员参加设备制造商的培训课程，学习新设备的操作和维护方法；开展内部培训，提高维护人员对智能电网和状态监测技术的理解和应用能力。

**（八）文档和记录管理**

建立完善的维护文档和记录管理制度，详细记录设备的维护历史、故障处理过程和维护计划。维护记录有助于跟踪设备的运行状态，分析故障原因，优化维护策略。例如，记录每次设备维护的具体内容、发现的问题和采取的措施；建立设备维护档案，方便查阅和管理。

# 第四节　电力系统的优化与节能

## 一、电力系统的优化

### （一）能源结构优化

优化电力系统的能源结构，增加可再生能源的比例。通过引入更多的太阳能、风能、水能等清洁能源，可以降低二氧化碳排放，实现绿色发展。例如，在电力规划中，优先考虑建设风电场和太阳能发电站，结合储能技术，平衡可再生能源的波动性，提高整体能源利用效率。

### （二）智能电网建设

建设智能电网，通过信息通信技术实现电力系统的智能化监控和管理。智能电网可以实时监测电力供需情况，优化电力调度，提高电网的稳定性和效率。例如，安装智能电表和智能传感器，收集用户用电数据，通过大数据分析优化电力供应，减少电力浪费，提高电网的响应速度和可靠性。

### （三）输电效率提升

优化输电线路的设计和运行，减少输电损耗。通过应用高效输电技术和设备，如高压直流输电（HVDC）和超导输电，可以大幅降低输电过程中能量损失。例如，采用 HVDC 技术将电力从远距离的发电厂传输到负荷中心，减少线路损耗；在特定区域试验和推广超导输电技术，进一步减少电力传输损耗。

### （四）配电网络优化

优化配电网络结构，提高配电系统的可靠性和灵活性。通过引入分布式能源和微电网技术，可以实现局部电力自给，减少对大电网的依赖。例如，在城市和工业园区内建设微电网，利用分布式能源发电，实现局部负荷的自主供电和调节，提高配电网络的弹性和稳定性[①]。

### （五）需求侧管理

通过需求侧管理（DSM），引导用户优化用电行为。DSM措施包括时间电价、需求响应和智能家居控制等，通过经济激励和技术手段，减少用电高峰期的负荷，提升电力系统的整体效率。例如，实施峰谷分时电价，鼓励用户在电价低谷时段使用电力；推广智能家居系统，实现电器的自动化控制，优化用电时间和负荷分布。

### （六）设备升级和维护

通过采用新技术、新材料和新设备，可以显著提升电力系统的性能。例如，更换老旧的变压器和电缆，采用高效节能设备；定期进行设备维护和检修，确保设备处于最佳工作状态，减少故障发生率和维护成本。

### （七）电力调度优化

通过引入先进的调度算法和决策支持系统，可以实现电力资源的最优配置，减少调度误差和能源浪费。例如，应用人工智能和机器学习技术，预测电力需求变化趋势，制订最优的发电计划和调度方案；建立实时监控和调度平台，动态调整电力供应和负荷分配，确保电网稳定运行。

### （八）电力市场改革

推进电力市场改革，促进电力资源的优化配置和竞争。通过建立健全的电力市场机制，鼓励多元化的发电和用电主体参与市场竞争，提高电力系统的整体效率和经济性。例如，开放电力交易市场，允许发电企业和用户直接进行电力交易；制定公平透明的市场规则，确保市场主体的公平竞争和利益平衡。

---

① 张亮.机电一体化技术在家用电器中的应用和发展[C]// 叶茂.2017年第七届全国地方机械工程学会学术年会暨海峡两岸机械科技学术论坛论文集.北京:《中国学术期刊（光盘版）》电子杂志社，2017：449-450.

## 二、电力系统的节能

### (一)提高发电效率

通过使用高效的燃气轮机联合循环（CCGT）、超超临界（USC）煤电技术以及燃料电池等，可以显著提升发电效率。例如，燃气轮机联合循环发电效率可达60%以上，超超临界煤电技术通过提高蒸汽温度和压力，实现更高的热效率，减少煤炭消耗和二氧化碳排放。

### (二)输配电损耗降低

优化输配电系统设计和运行，降低电能在输配电过程中的损耗。通过应用高压直流输电（HVDC）技术、超导材料以及优化线路路径，可以显著减少输配电损耗。例如，HVDC技术适用于远距离、大容量输电，输电损耗比传统交流输电低；使用超导材料制作输电电缆，几乎无电阻损耗，大幅提升输电效率。

### (三)配电网智能化

建设智能配电网，通过信息通信技术实现配电系统的智能化管理和优化调度。智能配电网可以实时监测配电网络的运行状态，快速发现并处理故障。例如，安装智能传感器和监控设备，利用大数据分析和人工智能技术，实时调节电力负荷，优化配电网络的运行效率。

### (四)推广分布式能源

推广分布式能源系统，减少电力传输距离和损耗。分布式能源系统包括太阳能光伏、风电、燃气轮机等，适用于靠近负荷中心的分布式发电和储能。例如，在居民区和商业区安装太阳能光伏发电系统，利用屋顶和闲置地面发电，减少对远距离电网的依赖。

### (五)节能设备应用

推广高效节能设备和技术，减少电力消耗。通过使用高效电机、节能变压器、LED 照明等，可以大幅降低用电量。例如，高效电机的能效等级比普通电机高，可显著减少电机运行中的能量损耗；节能变压器采用新型材料和优化设计，减少铁损和铜损，提高变压效率；LED 照明比传统照明节能80% 以上，且寿命更长、维护成本更低。

### （六）设备维护和管理

加强设备维护和管理，提高设备运行效率。定期维护和检修电力设备，确保设备在最佳状态下运行。例如，定期清洁冷却系统和润滑系统，保证发电机组的高效运行；对变压器进行油质分析和绝缘检测，预防故障发生，减少不必要的停机时间和能量损耗。

### （七）节能政策与激励

制定并实施节能政策和激励措施，推动全社会节能减排。通过税收优惠、财政补贴和奖励机制，鼓励企业和个人采用节能技术和设备。例如，对购买和使用高效节能设备的企业提供税收减免和财政补贴；设立节能奖项，奖励在节能降耗方面表现突出的企业和个人，提升全社会的节能意识和行动力。

# 第六章　电力工程项目管理

## 第一节　电力工程项目的规划与设计

### 一、需求分析

在电力工程项目的规划与设计过程中，要进行需求分析，这是项目成功的基础。需求分析包括评估现有电力系统的负荷情况，预测未来的电力需求增长，以及识别项目区域的特定用电需求。评估现有电力系统的负荷情况，旨在了解当前电力系统的运行状态和负荷分布，识别系统中的薄弱环节和潜在问题。通过对历史负荷数据的分析，可以发现负荷变化的规律和趋势，为项目的规划提供参考。随着经济发展和人口增长，电力需求将不断增加。需求预测应考虑多种因素，如经济增长率、工业和商业发展、居民生活水平提升、技术进步以及政策导向等。采用科学的预测方法，如时间序列分析、回归分析和多变量分析等，可以获得较为准确的电力需求增长预测数据。这些数据是确定项目规模和容量的关键依据。

不同区域的用电需求具有差异性，需结合区域的经济结构、产业布局、人口密度和发展规划等因素，进行详细分析[1]。例如，工业区的用电需求以大功率设备和生产线为主，而居民区的用电需求则更多集中在生活用电上。通过细致的区域用电需求分析，可以明确项目建设的重点和难点，确保设计方案切合实际需求。需求分析还需考虑电力系统的技术要求和发展方向。随着电力技术的不断进步，智能电网、可再生能源和分布式发电等新技术的应用对电力系统的规划设计提出了新的要求。例如，智能电网的应用需要考虑信息通信技术的集成，可再生能源的接入需要解决其波动性和间歇性问题，分布式发电则需要优化电网结构和调度策略。通过对这些技术要求的分析，可以为后续的设计提供技术指导和支持。

---

① 杨英. 机电一体化技术在智能制造中的运用 [J]. 造纸装备及材料，2021，50(8)：98-99.

电力工程项目需符合国家和地方的能源政策、环保法规和行业标准。了解和掌握相关政策法规，可以确保项目规划和设计的合法性和合规性，避免项目实施过程中出现法律和政策风险。综上所述，需求分析是电力工程项目规划与设计的基础和前提。通过详细的需求分析，可以全面了解现有电力系统的负荷情况，准确预测未来的电力需求增长，识别项目区域的特定用电需求，明确项目的规模、容量和技术要求，为后续的设计工作提供科学依据和指导。这样，才能确保电力工程项目规划设计的科学性、合理性和可行性，满足未来电力需求，推动电力系统的持续健康发展。

## 二、可行性研究

可行性研究旨在全面评估项目的经济性、技术可行性和环境影响。通过技术方案的比较，能够找到最优的技术路径，以实现项目的目标。技术方案比较涉及多种发电技术、输电方案和配电设计的优劣势分析。通过对各种技术方案的优缺点进行详细分析，可以确定最适合项目需求的技术方案。例如，对于一个偏远地区的电力工程项目，可以比较光伏发电、风力发电和传统燃煤发电的技术可行性和成本效益，选择最为合理的技术方案。准确的投资估算不仅包括建设成本，还需涵盖运营维护成本、设备更换成本和其他隐性成本。通过详细的成本估算，可以全面了解项目的资金需求，确保项目在预算内进行。此外，投资估算还涉及融资方案的设计，明确项目资金来源，确保项目有充足的资金支持。

通过对项目的成本和收益进行详细计算，可以评估项目的投资回报率、内部收益率和净现值等关键经济指标。这些经济指标能够帮助决策者判断项目的经济可行性。例如，一个高效的电力工程项目应当具备较高的投资回报率和较低的投资风险，从而确保其在经济上具有吸引力。电力工程项目可能对环境产生多方面的影响，如大气污染、水资源利用、土地占用和生态破坏等。通过环境影响评估，可以识别和量化项目的环境影响，并制定相应的减缓措施和环保方案。例如，在规划风力发电项目时，需要评估对当地鸟类的影响，并设计合理的风机布局以减少生态影响。环境影响评估的结果不仅影响项目的可行性判断，还可能涉及相关环保政策和法规的遵守。

通过可行性研究，可以综合评估电力工程项目的多方面因素，确定项目是否具有实施价值。可行性研究的结果为项目决策提供科学依据，确保项目在技术上可行、经济上可行和环境上可行。例如，一个经过可行性研究的电力工程项目，不仅需要具备先进的技术方案和良好的经济效益，还需符合环保要求和社会可接受性。此外，可行性研究还应包括对项目的风险评估和管理。识别潜在的技术、经济和环境风险，并制定相应的风险控制措施，可以提高项目的成功率。例如，对于一个跨国电力工程项目，需要评估国际市场的不确定性和政策变化带来的风险，并设计相应的应对策略。

### 三、选址与布局

选址与布局是电力工程项目规划中的重要环节，涉及发电厂、变电站和输配电线路的选址和布局设计。选址过程中，必须综合考虑多方面因素，确保项目的可行性和经济性。发电厂和变电站需要稳定的地质条件，以确保基础设施的安全和耐久性。地质条件包括地基承载力、地震活动性、洪水风险等，这些因素都会直接影响工程的设计和建设成本。电力工程项目可能对周围环境产生一定的影响，因此在选址时需要尽量避开生态敏感区、自然保护区和居民密集区，减少对生态环境和人类健康的负面影响。例如，风力发电厂应选择远离鸟类迁徙路径的区域，减少对鸟类的影响；燃煤发电厂应选址在远离居民区的地方，以减少空气污染对居民的影响。

电力工程项目通常需要大面积的土地，因此必须选择适合的土地使用类型，避免占用耕地和保护区。此外，项目选址应考虑交通运输的便利性，确保设备、材料和人员能够便捷地进出施工现场，保证日常运营。例如，变电站的选址应靠近主要交通干线，方便大型设备的运输和维护。布局设计则着重于电力设备的配置和空间利用优化。合理的布局设计可以提高系统的运行效率和可靠性。发电厂的布局应确保各个机组和辅助设施的有序排列，方便运行管理和维护。例如，发电机组应尽量集中布置，减少管线长度，降低能量损耗；冷却塔和燃料仓库的布局应考虑通风和安全距离。

变电站内的设备应按照功能分区布置，确保操作人员能够方便地进行监控和维护。例如，高压设备和低压设备应分别布置，减少互相干扰；控制室应位于变电站的中心位置，便于集中监控和管理。输配电线路的布局设计则需要考虑线路的路径选择和杆塔的布置。输电线路应选择直线距离最短且障碍物最少的路径，减少线路损耗和建设成本。此外，线路路径应尽量避开地质不稳定区域和自然保护区，确保线路的安全和环保。杆塔的布置应合理分布，确保线路的稳定性和耐久性，同时避免对周边环境和景观的破坏。在选址与布局设计中，还需充分考虑电力系统的未来扩展和升级需求。预留足够的空间和接口，便于未来设备的增设和技术改造。例如，在变电站的设计中，应预留备用变压器和开关设备的安装位置；在输电线路的设计中，应考虑未来负荷增长的可能性，选择具有扩展潜力的线路路径。

## 四、技术方案设计

技术方案设计在电力工程项目中起着至关重要的作用，包括选择适合的发电技术、输配电技术和智能控制技术。发电技术的选择应综合考虑能源资源、环境影响和经济效益。不同的发电技术有各自的优势和适用场景。例如，燃气轮机具有启动快、调节灵活、污染较小的优点，适合用于电力负荷调节和应急备用。太阳能光伏发电具有清洁、可再生的特点，适合在光照资源丰富的地区应用，但需要解决储能和间歇性问题。风力发电适合在风资源丰富的地区，如沿海和高原地区，具有低碳排放和运行成本低的优势。输配电技术设计同样关键，需要优化输电线路和变电站的配置，采用高效、低损耗的技术和设备，确保电力传输的稳定性和可靠性。例如，高压直流输电（HVDC）技术适用于长距离、大容量的电力传输，具有损耗低、传输效率高的特点。超高压输电（UHV）则适合在需要大量电力传输的区域，能够显著减少电能损失。此外，在输电线路设计中，需要考虑线路路径的优化，避免复杂地形和高风险区域，以减少施工难度和维护成本。

选择高效的变压器、开关设备和保护装置，能够提高变电站的运行效率和安全性。例如，采用新型材料和先进技术的变压器，如非晶合金变压器，具有低损耗、高效率的优点。智能化开关设备和保护装置，能够实现自动监测和故障快速隔离，提高变电站的运行稳定性和维护便捷性。通过智能控制技术，可以实现对发电、输电、配电和用电的全方位监控和优化调度。例如，智能电网技术可以实时监测电力系统的运行状态。用户侧的智能用电管理系统，则可以帮助用户优化用电行为，节约能源成本。

随着科技的不断进步，新技术和新设备不断涌现，电力系统的技术方案设计应具有前瞻性和灵活性。例如，储能技术的应用可以解决可再生能源发电的间歇性问题，提高电力系统的稳定性。微电网技术的发展，可以实现局部电力自给和优化，提高电力系统的弹性和抗风险能力。

## 五、环境保护措施

设计必须严格遵循环境保护法律法规，确保项目在建设和运行过程中对自然环境和生态系统的影响降至最低。例如，选择低排放的发电技术是减少环境污染的重要手段。燃气轮机、太阳能光伏和风力发电等技术具有较低的污染物排放，相比传统燃煤发电，对环境的影响更小。配置脱硫脱硝设备对于使用化石燃料发电的项目尤为重要。通过脱硫设备，可以有效减少二氧化硫的排放；脱硝设备则可以减少氮氧化物的排放，这些技术措施对防止空气污染、保护大气环境具有显著作用。输电线路的选址应尽量避开生态敏感区、自然保护区和居民密集区，减少对生态环境和人类健康的影响。例如，在规划过程中，应进行详细的环境影响评估，选择对生态系统影响较小的线路路径，避免破坏珍稀动植物的栖息地。此外，输电线路的建设应避免在地质灾害频发区和水源保护区内进行，以防止环境灾害和污染事故的发生。

通过建立环境监测系统，可以实时监测项目建设和运行过程中各类污染物的排放情况，及时发现和处理环境问题。例如，安装烟气在线监测设备，实时监测发电厂烟气中的污染物浓度；在施工现场设置噪声监测点，控制施工噪声对周边环境的影响。环境管理方案还应包括定期环境审计和评估，确保环保措施的有效性和持续改进。水资源保护也是电力工程项目中需要重视的环境保护措施。发电厂的冷却水系统和施工过程中的水资源利用应尽量减少对水环境的影响。例如，采用循环冷却水系统可以大幅减少冷却水的消耗和废水排放；在施工过程中，应采取防渗漏和泥沙控制措施，防止施工废水污染周边水体。对于水力发电项目，更需要注意对河流生态系统的保护，通过合理的水库调度和生态流量管理，维持河流生态平衡。电力工程项目产生的各类固体废弃物，如煤灰、废旧设备和建筑垃圾，应采取科学处理和资源化利用措施。例如，煤灰可以作为建筑材料的原料，废旧设备可以进行回收再利用，建筑垃圾可以进行分类处理，减少环境污染和资源浪费。

### 六、经济性分析

经济性分析的内容首先包括项目的建设投资，这部分投资涉及土地购置、设备采购、工程建设和安装调试等各项费用。通过详细的成本核算，可以了解项目的资金需求，确保项目在预算范围内进行。接下来，运营成本是经济性分析的另一重要组成部分。运营成本包括燃料费用、人工成本、日常维护和修理费用等。准确估算运营成本，有助于判断项目的长期经济负担和可持续性。电力工程项目的设备和设施在运行过程中需要定期维护和检修，这部分费用直接影响项目的整体经济效益。通过合理的维护计划和费用估算，可以确保设备的正常运行和使用寿命，同时控制维护成本。预期收益的分析是评估项目经济性的关键。预期收益包括电力销售收入、政府补贴、碳排放权交易收益等。通过市场调研和预测，可以估算项目的未来收益，评估其盈利能力。

经济性分析的核心在于评估项目的投资回报率和财务可行性。投资回报率是衡量项目盈利能力的重要指标，通过计算项目的净现值（NPV）、内部收益率（IRR）等，可以直观地评估项目的经济效益和投资价值。例如，一个投资回报率高、净现值为正的项目，通常具有较高的财务可行性，值得投资者考虑。融资方案的设计在经济性分析中同样重要。合理的融资方案可以降低项目的财务风险，确保项目顺利实施。常见的融资方式包括银行贷款、股权融资、债券发行等。通过综合考虑项目的资金需求、融资成本和风险偏好，选择最优的融资方案，可以提高项目的经济可行性。电力工程项目通常面临各种风险，如市场风险、技术风险、政策风险等。通过详细的风险评估和管理，可以制定有效的风险控制措施，降低项目的不确定性。例如，签订长期电力销售合同可以降低市场风险；选择成熟可靠的技术可以降低技术风险；积极关注政策变化，确保项目符合相关法律法规，可以降低政策风险。

### 七、法规与标准遵循

电力工程项目规划与设计必须严格遵循国家和地方的相关法规、标准和技术规范。遵循法规和标准是确保项目合规性和安全性的基本要求。在设计过程中，必须全面了解和应用《电力工程设计标准》和《电力设备安全技术规范》等行业标准，这些标准涵盖了电力系统的各个方面，包括发电、输电、配电以及设备安装和维护等。通过遵循这些标准，可以确保项目设计的科学性和可靠性，避免因设计不当引发的安全隐患和法律纠纷。设计过程中还应参考地方性法规和标准。各地可能根据具体情况制定了适用于当地的电力工程设计规范和安全要求。例如，一些地区对环保和节能有特别规定，要求电力工程项目必须符合更严格的环保标准。在这些情况下，设计人员需要深入了解并遵守地方性法规，确保项目在当地的合法性和可行性。

法规和标准不仅涉及技术方面，还涵盖了环境保护和社会责任。电力工程项目通常规模较大，对环境和社会的影响也相对较大。因此，在规划与设计时，必须严格遵循环保法规和社会责任规范。例如，在进行环境影响评估（EIA）时，设计人员需要按照相关法律法规，全面评估项目对空气、水质、土壤和生物多样性的影响，并制定相应的减缓措施和管理计划。此外，项目的选址和建设还应考虑对当地社区和居民的影响，确保项目实施过程中不对社会稳定和居民生活造成负面影响。通过采用标准化设计，可以减少设计过程中的错误和遗漏，提高设计效率和质量。例如，标准化的电力设备接口和安装要求，可以确保不同设备之间的兼容性和互换性，降低设备故障率和维护成本。此外，标准化设计还可以简化施工过程，减少施工时间和成本，提高项目整体效益。

在遵循法规和标准的同时，设计人员还应积极关注行业新标准和技术规范的动态更新。电力行业技术发展迅速，新标准和规范不断出台和更新。例如，随着智能电网技术的发展，相关的技术标准和规范也在不断完善和更新。设计人员应及时学习和掌握最新的标准和规范，确保项目设计始终符合最新的技术要求和行业发展趋势。

## 八、项目管理计划

进度管理是项目管理计划的重要组成部分，旨在确保项目在预定时间内完成。制定详细的项目进度表，包括各阶段的任务分解、时间安排和里程碑节点，可以清晰地展现项目的时间框架。通过定期检查进度表，监控实际进展与计划的偏差，及时调整资源和计划，确保项目按时完成。质量管理包括制定详细的质量标准和检查流程，确保每个环节的工作质量符合要求。例如，采用国际和行业标准，如 ISO9001 质量管理体系，建立严格的质量控制程序，从设计、采购、施工到验收，每个环节都要进行质量检验和评估。定期进行内部审核和第三方质量检查，可以及时发现并纠正质量问题，保证项目的高质量完成。

通过科学的成本估算和预算控制，可以确保项目在预定的资金范围内进行。制订详细的成本控制计划，包括材料费、人工费、设备费和管理费等各项支出，定期进行成本核算和分析，及时发现和控制超支风险。采用成本控制软件和管理工具，可以提高成本管理的准确性和效率，确保项目按预算完成。识别项目可能面临的各种风险，如技术风险、市场风险、政策风险和自然灾害风险，制定相应的风险控制和应对措施，可以降低项目的不确定性。通过建立风险管理机制，包括风险识别、评估、监控和应对，可以及时发现和处理风险，确保项目的顺利实施。例如，针对技术风险，可以选择成熟可靠的技术方案；针对市场风险，可以签订长期供电合同；针对政策风险，可以密切关注政策变化，调整项目计划。

为了确保项目管理计划的有效实施，必须建立项目管理团队。项目管理团队应由具有丰富经验和专业技能的人员组成，包括项目经理、工程师、质量控制专家和财务人员等。通过明确分工和职责，形成高效协作的团队结构，确保各项管理措施的落实。项目经理应具备全面的项目管理知识和领导能力，能够协调各方资源，解决项目实施过程中遇到的问题。建立项目监控和评估机制是项目管理计划的重要保障。通过定期召开项目进展会议，汇报和讨论项目的进展情况，及时发现和解决问题。利用项目管理软件和信息系统，实时监控项目的进度、质量、成本和风险情况，生成各类管理报告，为决策提供依据。项目评估应包括中期评估和终期评估，评估项目的实际效果与预期目标的差距，总结经验教训，为后续项目提供参考。

# 第二节　电力工程项目的实施与监控

## 一、电力工程项目的实施

### （一）项目启动

项目实施的第一步是项目启动，包括确定项目范围、目标和主要任务。项目启动需要明确各方的职责和权限，建立项目组织结构，指定项目经理和主要成员。启动会议上，各相关方共同商讨项目计划和进度安排，确保所有参与者对项目目标和实施方案有统一的认识和理解。启动阶段还包括进行初步的资源规划和风险评估，为项目的顺利实施打下基础。

### （二）设计与规划

在项目启动后，设计与规划阶段至关重要。详细的设计方案需要根据初步设计和技术方案进行优化，包含工程图纸、技术规范和施工方案等内容。规划阶段需要对项目的各个环节进行详细安排，包括施工进度计划、资源配置计划和质量控制计划等。设计与规划还需要考虑环境影响评估和安全管理措施，确保项目实施过程中符合相关法律法规和标准。

### （三）采购与供应

采购与供应是电力工程项目实施的重要环节。项目需要采购大量的设备、材料和服务，确保项目顺利推进。采购过程需要严格按照招标和合同管理的程序，选择合适的供应商和承包商①。采购与供应环节需要特别注意设备和材料的质量控制，确保所有采购的物资符合设计要求和质量标准。供应链管理还包括物流和仓储管理，确保物资按时交付并妥善存储。

### （四）施工与安装

施工与安装是项目实施的核心阶段。所有设计和规划将被具体落实到

---

① 李劲松，滕建华，姜若祥.探析自动控制和机电一体化技术在食品加工中的应用 [J]. 肉类研究，2021，35（2）：64.

实际建设中。施工阶段需要严格按照施工图纸和技术规范进行，确保工程质量和进度。施工管理包括现场管理、安全管理和质量控制，确保施工过程的有序进行。安装阶段需要对各类设备进行正确安装和调试，确保其正常运行和安全使用。

### （五）监控与控制

项目实施过程中，监控与控制是确保项目按计划进行的关键。通过定期的进度检查和质量检查，防止小问题演变成大问题。监控与控制需要利用项目管理软件和工具，实时跟踪项目的进展情况，并生成各类报告。风险管理也是监控与控制的重要内容，通过风险识别和应对措施，降低项目实施中的不确定性。

### （六）测试与调试

在项目施工和安装完成后，需要进行全面的测试与调试，以确保系统和设备的正常运行。测试与调试包括功能测试、性能测试和安全测试，验证各项技术参数是否符合设计要求。测试过程中发现的问题需要及时进行调整和修复，确保系统在正式投运前达到最佳状态。测试与调试还包括与相关方的联合测试，确保系统的兼容性和稳定性。

### （七）验收与交付

测试与调试完成后，项目进入验收与交付阶段。验收工作需要按照合同和设计要求进行，确保所有工作达到预期标准。验收过程中需要进行详细的检查和评估，发现并解决潜在问题。交付阶段包括移交项目文件、操作手册和维护手册等，确保运行和维护人员能够正确操作和维护系统。验收与交付的顺利完成，标志着项目的成功实施。

### （八）运行与维护

项目交付后，进入运行与维护阶段。运行与维护包括日常操作、定期检查和维护保养，确保系统的长期稳定运行。运行与维护需要制定详细的操作规程和维护计划，并进行相应的人员培训。定期的性能评估和故障诊断是运行与维护的重要内容，通过及时发现和解决问题，确保系统的高效运行和安全使用。

## 二、电力工程项目的监控

### （一）进度监控

进度监控是电力工程项目监控的核心任务，旨在确保项目按计划推进。通过制定详细的项目进度表，项目团队可以实时跟踪每个任务的完成情况。使用项目管理软件，可以生成甘特图和里程碑图，直观地展示项目进度。定期召开进度会议，汇报和讨论当前进展，及时识别和解决进度偏差问题，确保项目各阶段按时完成。

### （二）质量监控

质量监控确保项目的各项工作符合设计标准和技术规范。建立严格的质量管理体系，包括质量检查、测试和验收程序。定期进行质量审核和评估，识别潜在质量问题并采取纠正措施。通过第三方质量检测和内部质量检查，确保施工材料、设备和工艺达到预期质量要求。使用质量控制表格和报告，记录和跟踪质量问题，确保问题及时解决。

### （三）成本监控

通过详细的成本估算和预算编制，项目团队可以实时监控各项支出。使用成本控制软件，记录和分析实际成本与预算的差异，及时发现超支风险。定期进行成本审查，分析费用变动原因，调整预算和控制措施，确保项目在预定资金范围内完成。建立成本报告机制，定期向管理层汇报项目财务状况，提供决策支持。

### （四）风险监控

风险监控是项目管理的重要组成部分，旨在识别、评估和控制项目实施过程中的不确定性。制订详细的风险管理计划，包括风险识别、风险评估和风险应对策略。使用风险登记册，记录和跟踪各类风险事件。定期进行风险评审，评估风险等级和可能影响，及时调整应对措施。通过模拟和预测工具，提前预见可能的风险事件，并制定相应的应急预案。

### (五) 环境监控

环境监控确保项目实施过程中对环境的影响降至最低。建立环境监测系统，实时监控项目区域的空气、水质、噪声等环境参数。定期进行环境影响评估，识别和分析项目对生态系统的潜在影响。制定环境保护措施，如安装污染控制设备、优化施工工艺等，减少环境污染。通过环境报告和审查，确保项目符合环境保护法规和标准。

### (六) 安全监控

建立安全管理体系，包括安全培训、安全检查和应急预案。定期进行安全演练，提高全体人员的安全意识和应急处理能力。使用安全监控设备，如视频监控、传感器等，实时监控施工现场的安全状况。通过安全检查表和报告，记录和跟踪安全隐患，及时采取纠正措施，预防事故发生。

### (七) 信息监控

信息监控确保项目各方沟通顺畅，信息传递及时准确。建立项目管理信息系统，集成进度、质量、成本、风险等各类信息，提供统一的数据平台。使用信息共享工具，如邮件、在线协作平台等，确保项目团队成员及时获取和更新项目信息。定期发布项目简报和报告，向所有利益相关者通报项目进展和关键问题，促进透明和高效沟通。

### (八) 综合监控

综合监控是对项目进度、质量、成本、风险等各方面的全面监控和协调。制订综合监控计划，明确各项监控指标和方法。集成各类监控数据，进行综合分析和评估。定期召开综合监控会议，讨论项目整体状况，协调各方资源和行动。通过综合监控报告，提供全面的项目运行状况，确保项目目标的实现。

# 第三节 电力工程项目的质量管理

## 一、质量管理体系建立

质量管理体系是电力工程项目质量管理的基础。建立符合国际标准（如 ISO 9001）的质量管理体系，明确质量管理的方针、目标和职责分工。体系文件应包括质量手册、程序文件、作业指导书和记录表格等，确保项目各环节都有章可循、有据可查。通过体系的建立，可以规范项目质量管理流程，提高项目整体质量水平。

## 二、电力工程项目质量管理的内容

### （一）材料质量管理

材料质量直接影响工程项目的质量水平。采购环节应严格按照项目要求和技术规范进行，选择合格的供应商，确保采购材料的质量。材料进场后，需进行严格的检验和验收，包括外观检查、尺寸测量和性能测试等，确保材料符合设计和规范要求。对不合格材料应及时处理，杜绝不合格材料进入施工现场。

### （二）施工质量管理

施工质量管理是项目质量管理的核心环节。制定详细的施工方案和作业指导书，确保施工过程严格按照设计图纸和技术规范进行。施工过程中，应进行全面的质量检查和监控，包括基础工程、结构工程、电气安装等各个环节。通过现场监理和质量监督，及时发现和纠正施工中的质量问题，确保施工质量符合要求。

### （三）设备安装质量管理

设备安装质量管理是确保电力工程项目正常运行的重要保证。制定设备安装质量标准和操作规程，确保设备安装的规范性和正确性。安装过程中，应进行全面的检查和测试，包括设备的安装位置、连接方式和运行参数等。通过设备调试和试运行，验证设备的功能和性能，确保设备安装质量达到设计要求。

**（四）质量检测与验收管理**

施工和安装完成后，需进行系统的质量检测和验收工作。检测内容包括结构强度测试、电气性能测试、系统运行测试等，确保各项指标符合设计要求和规范标准。验收过程中，应详细记录检测结果和发现的问题，及时进行整改和复验，确保工程质量达标[1]。

**（五）质量问题处理**

质量问题处理是确保工程项目顺利进行和提高质量管理水平的重要措施。建立质量问题报告和处理机制，确保质量问题及时发现、报告和解决。对重大质量问题，应进行专项调查和分析，查明原因并制定整改措施。通过质量问题的处理和总结，不断改进质量管理工作，预防类似问题的再次发生。

**（六）质量档案管理**

质量档案管理是质量管理工作的重要组成部分。建立完善的质量档案，包括设计文件、施工记录、检验报告、验收资料等，确保质量档案的完整性和可追溯性。通过信息化手段管理质量档案，提高档案管理的效率和准确性。质量档案管理不仅为质量管理提供了基础数据支持，还为项目验收和后续维护提供了重要参考。

# 第四节　电力工程项目的风险管理

## 一、电力工程项目风险管理的内容

### （一）技术风险管理

技术风险管理涉及选择和应用技术的可行性和可靠性。管理内容包括

---

[1] 赵阳. 高职院校学生职业能力培养研究 [D]. 哈尔滨：哈尔滨师范大学，2016.

技术方案的选择、技术评估和试验、技术培训和指导等。通过选择成熟可靠的技术方案，进行技术审核和咨询，降低技术实施中的风险。

### (二) 环境风险管理

环境风险管理是确保项目对环境影响降到最低的关键。管理内容包括环境影响评估、环保措施制定和实施、环境监测和评估等。通过严格执行环保法规和标准，制定应急预案，减少施工过程中对环境的负面影响。

### (三) 市场风险管理

市场风险管理涉及应对市场环境变化对项目的影响。管理内容包括市场调研和预测、灵活采购和销售策略、长期合同和战略合作等。通过市场分析，稳定市场供应和销售渠道，减少市场波动带来的风险。

### (四) 财务风险管理

财务风险管理确保项目资金安全和成本控制。管理内容包括财务规划和预算管理、财务风险预警机制、多元化融资和保险等。通过详细的财务规划，控制项目成本，确保资金链稳定[①]。

### (五) 法律风险管理

法律风险管理确保项目合规性。管理内容包括法律咨询和合同审查、详细的合同条款制定、政策变化跟踪等。通过法律顾问的支持，确保项目符合法律法规，减少法律纠纷的风险。

### (六) 管理风险管理

管理风险管理提高项目管理效率和质量。管理内容包括组织结构优化、项目团队建设和培训、科学决策机制和沟通渠道等。通过明确职责权限，确保管理体系高效运作，减少管理失误。

---

① 陈灿章.传感器技术在机电自动化系统中的应用研究 [J].中国新技术新产品，2019(6)：23-24.

## 二、电力工程项目风险管理的流程

### (一) 风险识别

风险识别是风险管理的首要步骤，旨在全面识别项目可能遇到的各种风险因素。通过头脑风暴、专家访谈、历史数据分析和文献研究等方法，系统地识别技术风险、市场风险、环境风险、政策风险和管理风险等。风险识别的结果应形成风险清单，详细描述每个风险的来源、特征和潜在影响。

### (二) 风险评估

风险评估是对识别出的风险进行分析和评估，以确定其严重性和发生概率。评估方法包括定性分析和定量分析。定性分析通过专家打分和排序，确定风险的优先级；定量分析则通过数据模型和概率统计，计算风险的发生概率和潜在损失。通过风险评估，可以识别出对项目影响最大的关键风险，为风险应对提供依据。

### (三) 风险应对策略

根据风险评估结果，制定相应的风险应对策略。应对策略包括风险规避、风险转移、风险减轻和风险接受。风险规避是通过改变项目计划或方案，避免风险的发生；风险转移是将风险通过合同、保险等方式转移给第三方；风险减轻是采取措施降低风险的发生概率或影响程度；风险接受是对不可避免的风险进行监控和管理，准备应急预案。

### (四) 风险控制与监测

风险控制与监测是确保风险管理措施有效实施的关键。建立风险控制机制，明确责任人和控制措施，定期监测风险的变化情况。使用风险管理信息系统，实时跟踪和记录风险事件，生成风险报告。通过定期召开风险评审会议，评估风险管理的效果，及时调整风险应对措施。

### （五）风险记录与报告

风险记录与报告是风险管理的重要环节。通过详细记录风险识别、评估和应对的全过程，建立风险管理档案，确保风险管理的可追溯性。定期编制风险管理报告，向项目管理层和相关方汇报风险状况和管理措施，确保各方了解项目风险的最新动态。

### （六）风险审查与改进

风险审查与改进是风险管理的持续改进环节。定期对风险管理流程和措施进行审查和评估，发现和总结经验教训，制定改进措施。通过风险审查与改进，不断优化风险管理流程，提高风险管理的整体水平，确保项目的长期成功。

# 第七章　电气自动化技术概述

## 第一节　电气自动化技术的基本原理

### 一、控制系统的组成

电气自动化技术的核心是控制系统，它主要由传感器、控制器、执行机构和人机界面等组成。传感器负责采集环境和设备的运行状态数据，并将其转换为电信号传递给控制器。传感器的种类多样，包括温度传感器、压力传感器、流量传感器和位置传感器等，每种传感器都有其特定的应用场景，系统能够实时获取运行状态和环境参数。控制器是控制系统的"大脑"，它根据预设的控制策略和实时数据进行分析和决策，然后发出指令控制执行机构的动作。控制器的类型包括可编程逻辑控制器（PLC）、分布式控制系统（DCS）和工业计算机等。PLC是工业自动化中最常用的一种控制器，具有灵活性强、可靠性高和易于编程等优点。控制器通过对传感器数据的分析，判断系统当前的运行状态，并根据设定的控制算法，决定下一步的操作，确保系统在最优状态下运行。

执行机构是控制系统的"手和脚"，根据控制器发出的指令执行具体的操作。执行机构包括电动机、阀门、继电器和执行器等，通过这些设备，系统能够实现各种物理操作，如开关阀门、调节流量、启动电机等。执行机构的性能直接影响系统的响应速度和控制精度，因此选择高质量、适合应用需求的执行机构是确保系统稳定运行的关键[1]。人机界面则用于监控和操作整个系统，方便用户进行管理和调整。人机界面包括操作面板、触摸屏、计算机监控系统等，通过这些界面，用户可以实时查看系统的运行状态、调整控制参数、手动操作设备和处理报警信息。人机界面的设计应注重用户体验，

---

① 祝书伟，徐仙国，谢茵茵. 传感器技术在机电一体化系统中的应用 [J]. 现代制造技术与装备，2019(6)：211，213.

界面应直观、简洁、易于操作，使用户能够快速、准确地获取所需信息并进行相应的操作。

控制系统的各个组成部分之间需要通过通信网络实现数据传输和信息共享。常用的工业通信协议包括 Modbus、Profibus、Ethernet/IP 等，这些协议确保了不同设备和系统之间的兼容性和互操作性。通信网络的可靠性和速度对系统的整体性能有重要影响，因此在设计和选择通信网络时，需要充分考虑系统的需求和环境条件。通过传感器、控制器、执行机构和人机界面的紧密配合，控制系统能够实现自动化的监控和控制，提高系统的效率和可靠性。例如，在一个自动化生产线上，传感器实时监测生产过程中的各种参数，控制器根据这些数据进行分析，调整生产设备的运行状态，确保产品质量和生产效率；人机界面则为操作人员提供了便捷的管理工具，使其能够及时发现和处理异常情况。

### 二、反馈控制原理

反馈控制系统通过传感器实时监测系统的输出，并将其反馈给控制器，与设定值进行比较。系统能够持续监控其运行状态，并根据实际情况进行调整。反馈控制的基本思路是：传感器检测到的输出值（实际值）与设定值（期望值）进行比较，如果存在偏差，控制器将根据这一偏差调整系统的输入，以使输出值逐渐接近设定值。控制器根据比较结果调整系统的输入，这是反馈控制的核心环节。控制器的类型和算法多种多样，包括比例控制（P）、比例 - 积分控制（PI）、比例 - 积分 - 微分控制（PID）等。PID 控制器是工业自动化中最常用的一种控制器，具有响应快速、控制精度高等优点。通过调整比例、积分和微分参数，PID 控制器能够有效地减少系统的稳态误差，提高系统的响应速度和稳定性。

闭环控制系统通过不断调整输入，使系统的输出与设定值一致。这种自动纠正偏差的机制，使得反馈控制系统在面对外界干扰和内部变化时，仍能保持稳定运行。例如，在温度控制系统中，当检测到温度低于设定值时，控制器会增加加热器的功率，使温度上升到期望范围内；当温度高于设定值时，控制器会减少加热器的功率，避免温度过高。这种闭环控制方式能够自动纠正偏差，提高系统的稳定性和精确性。相比于开环控制系统，闭环控制系统具有更强的抗干扰能力和自适应能力。开环控制系统在运行过程中不进行反馈调节，仅依靠预先设定的控制策略，因此容易受到外部干扰和系统变化的影响，难以保持稳定和精确控制。而闭环控制系统则通过实时反馈和调整，能够在各种条件下保持系统的稳定和精确。

在工业生产中，反馈控制广泛应用于各种自动化设备和系统。在电力系统中，反馈控制用于调节发电机组的输出功率和电压，保持电力系统的稳定运行。在建筑环境控制中，反馈控制用于调节空调和采暖系统的运行，维持室内温度和湿度的舒适范围。反馈控制系统不仅适用于简单的线性系统，也能够应用于复杂的非线性系统。通过先进的控制算法和模型，反馈控制系统可以处理多变量、时变和非线性的控制问题。例如，在无人驾驶汽车中，反馈控制系统用于实时调节车辆的速度和方向，确保行驶的安全和稳定。在智能机器人中，反馈控制用于调节机器人的运动和操作，实现精确的任务执行。

### 三、PLC（可编程逻辑控制器）

PLC 是电气自动化系统中广泛使用的一种控制器。作为一种数字运算操作的电子系统，PLC 专门为在工业环境中应用而设计，通过编程实现对工业设备的自动控制。PLC 的出现和应用极大地提升了工业自动化水平，其灵活性强、可靠性高和易于维护等优点使其在各个领域得到了广泛应用。PLC 通过编程实现对工业设备的自动控制。这种编程可以通过梯形图、功能块图、结构化文本等多种语言进行，操作简便、易于学习。用户可以根据实际需要，编写适合的控制程序，并将其下载到 PLC 中，使 PLC 能够执行预定的控制任务。这种编程的灵活性，使得 PLC 能够适应不同的工业控制需求，无论是简单的开关控制，还是复杂的过程控制，PLC 都能胜任。

不同于传统的硬接线继电器控制系统，PLC 的控制逻辑可以通过软件轻松修改，无须重新布线。这种灵活性使得系统的改造和升级变得更加简便，降低了维护成本。此外，PLC 的模块化设计也使其具有很高的扩展性，用户可以根据需要，增加或减少输入输出模块，适应不同规模和复杂程度的控制系统。PLC 的可靠性高，是其在工业领域广泛应用的另一个重要原因。PLC 专为工业环境设计，能够在高温、高湿、高振动等恶劣条件下稳定运行。其内部采用了抗干扰设计，保证了系统的稳定性和可靠性。PLC 的故障率低，维护简单，即使在长期运行的情况下，也能保持高效稳定的工作状态，减少了系统的停机时间和维护成本。

在处理各种逻辑运算、时间控制、计数和数据运算等任务方面，PLC 表现出色。它能够进行复杂的逻辑判断，控制设备的运行顺序和时间，进行高速计数和精确的数据处理。通过这些功能，PLC 可以实现各种自动化控制任务，如生产线的自动化控制、机械手的运动控制、生产过程的数据采集和监控等。PLC 通过输入输出接口与外部设备进行连接，实现对设备的控制和数据的采集。输入接口用于接收各种传感器和开关的信号，如按钮、限位开关、温度传感器等；输出接口用于控制执行机构，如电机、阀门、继电器等。通过这些接口，PLC 能够与各种工业设备进行无缝连接，形成一个完整的自动化控制系统。

广泛应用于制造业、交通运输、电力系统等领域，PLC 展示了其强大的应用潜力。PLC 用于生产线的自动化控制，实现高效、精确的生产过程；在交通运输中，PLC 用于交通信号控制、列车自动化控制等，提高交通系统的安全性和效率；PLC 用于发电厂和变电站的自动化控制，实现电力系统的稳定运行和高效管理。

## 四、SCADA（数据采集与监视控制系统）

SCADA 系统是用于监控和控制大规模、分散式工业过程的计算机系统。它通过数据采集设备收集现场设备的数据，并传输到中央控制室进行处理和显示。SCADA 系统的主要功能包括实时数据采集、过程监控、事件报警和历史数据存储，系统能够实现对复杂工业过程的全面监控和管理。SCADA 系统通过数据采集设备，如传感器和测量仪器，收集现场设备的运行数据。这些数据包括温度、压力、流量、电压、电流等关键参数，通过现场总线、工业以太网等通信方式，实时传输到中央控制室。在中央控制室，数据被集中处理和分析，为操作人员提供准确、及时的运行信息，支持决策和控制操作。

操作人员通过中央控制室的计算机终端，可以实时查看各个设备的运行状态和参数，并根据需要进行远程操作，如启动、停止设备，调整运行参数等。远程监控和控制功能，不仅提高了系统的自动化程度，还减少了现场操作的工作量和风险，特别是在恶劣环境或危险区域中，远程操作显得尤为重要。提高系统的自动化程度和运行效率是 SCADA 系统的核心目标。通过实时数据采集和监控，系统能够及时发现和处理设备故障和异常情况，减少设备停机时间和生产损失。例如，SCADA 系统能够监控发电厂和变电站的运行状态，快速识别电力故障，自动切换电源，保障电力供应的连续性和稳定性。在石油和天然气领域，SCADA 系统能够监控油井、管道和炼油厂的运行，优化生产过程。

SCADA 系统在电力、石油、天然气、水处理等领域应用广泛，展示了其强大的适应能力和应用价值。在电力领域，SCADA 系统用于发电、输电和配电的全面监控和管理，保障电力系统的安全和稳定运行；SCADA 系统用于油田开采、管道输送和炼油过程的实时监控和优化，提高生产效率和安全性；在水处理领域，SCADA 系统用于水厂和污水处理厂的运行监控和自动化控制，确保水质达标和处理效率。系统能够将实时采集到的数据进行存储和管理，形成详细的历史数据记录。通过分析历史数据，操作人员可以了解设备的运行规律和性能变化，进行故障诊断和预防性维护，优化系统运行。例如，通过分析电力系统的历史数据，可以预测负荷变化趋势，制订合理的发电和输电计划，提高电力系统的经济性和可靠性。

当系统监测到设备运行异常或超过设定阈值时，通知操作人员采取措施。事件报警功能不仅提高了系统的安全性，还减少了事故发生的概率和影响。操作人员可以根据报警信息，快速定位故障点，进行排查和处理。

## 五、自动化仪表与传感器

在电气自动化技术中，自动化仪表和传感器是实现自动控制的重要组件。传感器用于检测温度、压力、流量、液位等物理参数，并将这些参数转换为电信号。传感器的作用在于实时监测系统的运行状态和环境变化，为控制系统提供准确的数据基础。这些传感器根据不同的应用需求，可以设计成各种形式，如热电偶、热电阻、压力传感器、流量计等，以满足不同工况下的测量需求。例如，温度传感器可以检测设备的温度变化，将其转换为电信号传输给自动化仪表。自动化仪表接收到信号后，通过显示屏显示当前温度值，同时记录温度变化的历史数据。自动化仪表可以根据设定的温度范围自动调节加热或冷却系统，确保温度维持在设定的范围内，这种闭环控制方式提高了系统的稳定性和精确性。

压力传感器用于检测系统中的压力变化，将压力值转换为电信号传输给自动化仪表。自动化仪表可以实时显示当前的压力值，并根据压力变化趋势进行记录和分析。当检测到压力异常时，自动化仪表能够发出报警信号，通知操作人员进行检查和维护。同时，自动化仪表还可以自动调节相关设备，如开启或关闭阀门，以维持系统的正常压力。流量传感器用于测量液体或气体的流量，自动化仪表则对这些数据进行处理和显示。流量的准确控制至关重要，例如在化工生产过程中，精确的流量控制可以保证反应的顺利进行和产品质量的稳定。通过自动化仪表，操作人员可以实时监控流量情况，并根据实际需求进行调节，确保生产过程的安全和高效。

液位传感器用于测量储罐或容器内液体的液位高度，自动化仪表对液位数据进行处理和显示。在水处理、石油化工等行业，液位的监控是非常关键的。自动化仪表能够通过液位传感器提供的实时数据，控制液体的进出，保持液位在安全范围内，防止溢出或干涸的情况发生。例如，在水处理过程中，通过液位传感器和自动化仪表的配合，可以自动控制水泵的启停，确保处理过程的连续和稳定。自动化仪表和传感器的组合，不仅实现了对物理参数的实时监控，还通过自动控制功能，大大提高了系统的自动化程度和运行效率。这些设备在工业生产、环境监测、能源管理等领域应用广泛，为实现智能化、自动化控制奠定了坚实基础。例如，在一个现代化的工厂中，温度传感器、压力传感器、流量传感器和液位传感器等共同构成了全面的监控网络。自动化仪表则将这些传感器提供的数据进行集成和处理，为工厂的中央控制系统提供决策依据。通过这种系统化的控制方式，工厂能够实现高效、稳定和安全生产运营。

## 六、网络通信技术

通过工业以太网、现场总线、无线通信等技术，自动化系统中的各个设备和控制器可以实现高效、可靠的数据传输和信息共享。这些通信技术的应用，不仅提高了系统的集成度和灵活性，还为远程监控和诊断提供了可能性。工业以太网以其高带宽、低延迟和强抗干扰能力，广泛应用于现代自动化系统中，确保数据传输的稳定性和可靠性。现场总线技术则在设备层面实现了有效的通信。常见的现场总线包括 Profibus、Modbus、CAN 等，这些总线系统能够连接各类传感器、执行器和控制器，实现设备间的实时数据交换。通过现场总线，设备间的通信不再依赖于复杂的布线，大大简化了系统的安装和维护过程，同时提高了系统的扩展性。

无线传感器网络（WSN）可以实现对分散设备的实时监测和控制。通过无线传感器，系统可以在无须布线的情况下，灵活地部署和调整监测点。无线通信技术不仅适用于传统的工业现场，还可以在难以布线或环境复杂的场景下，如矿山、油田、风电场等，实现高效的数据采集和传输。网络通信技术的应用，提高了自动化系统的集成度和灵活性。通过统一的通信协议和标准，不同厂商的设备可以无缝集成在一个系统中，形成高度集成的自动化控制网络。这种集成能力，使得系统能够灵活地应对生产工艺的变化和升级需求，快速适应市场的变化。

通过互联网和云计算技术，控制中心可以对分布在不同地理位置的设备进行实时监控和管理。操作人员可以通过远程访问系统，查看设备的运行状态和历史数据，进行故障诊断和性能分析。即使在设备出现故障时，也可以通过远程调试和维护，快速恢复系统的正常运行，减少停机时间和维护成本。在电气自动化系统中，网络通信技术还促进了大数据和人工智能技术的应用。通过高效的数据传输和共享，系统可以收集和处理大量的运行数据，为大数据分析和机器学习提供基础。通过数据分析，系统可以实现预测性维护和智能优化，提高设备的可靠性和生产效率。例如，通过对电力系统运行数据的分析，可以预测设备的故障趋势，提前进行维护和更换，避免突发故障造成的损失。

在智能制造中，网络通信技术是实现工业 4.0 和智能工厂的重要支撑。通过智能传感器和设备的互联互通，工厂可以实现从生产计划、制造执行到质量控制的全流程数字化和智能化。网络通信技术使得不同生产环节的数据可以实时共享，生产过程更加透明和可控，从而提升生产的柔性和响应速度，满足个性化和定制化生产的需求。

## 七、人工智能与机器学习

随着科技的发展，人工智能（AI）和机器学习（ML）技术在电气自动化中得到了广泛应用。通过 AI 和 ML 技术，自动化系统可以从大量数据中学习和优化控制策略。这些技术的引入，极大地增强了系统的自适应能力和预测能力，使得自动化系统在面对复杂和动态变化的环境时，能够更加高效和稳定地运行。利用机器学习算法，自动化系统能够实现设备故障的预测和预防性维护。通过对历史运行数据和传感器数据的分析，机器学习算法可以识别出设备运行中的异常模式和潜在故障征兆。比如，机器学习模型可以通过分析电压、电流、温度等数据，预测变压器的故障，避免突发故障带来的巨大损失和停机时间。

在能源管理方面，AI 和 ML 技术也展现了巨大的潜力。通过智能算法，自动化系统可以优化能源的使用和分配。例如，在智能电网中，机器学习算法可以根据用户的用电行为和气象数据，预测用电负荷，并优化电力的调度和分配。同时，AI 技术还可以实现对可再生能源的智能管理，优化太阳能、风能等能源的发电和储存，提高整体能源系统的稳定性和可靠性。通过数据驱动的优化，自动化系统可以实现生产过程的智能调度和资源分配。例如，机器学习算法可以根据生产计划和设备状态，优化生产线的调度，减少停机时间和生产瓶颈。此外，AI 技术还可以通过实时监控和分析生产数据，及时发现和解决生产中的问题，提高产品质量和生产过程的稳定性。

通过计算机视觉和深度学习算法，自动化系统可以实现对产品的自动检测和质量评估。例如，在电子制造中，AI 技术可以对电路板进行高速、高精度的检测，识别焊点缺陷和组件错位，提升检测效率和准确度。这些智能检测技术，不仅提高了生产质量，还减少了人力成本和检测时间。AI 和 ML 技术的引入，使得自动化系统在决策和控制方面更加智能化和自主化。通过强化学习和自适应控制算法，系统可以在运行过程中不断学习和优化控制策略，提高对复杂工况的适应能力。例如，在机器人控制中，强化学习算法可以通过模拟和实际操作，不断优化机器人的运动轨迹和操作策略，使其更加灵活和能够更精确操作。

### 八、模拟与数字信号处理

传感器采集的信号通常是模拟信号，需要通过模数转换器（ADC）转换为数字信号，以便控制器进行处理。这个过程是信号处理的关键步骤之一，确保了传感器采集到的物理量能够被控制器准确理解和处理。模拟信号经过ADC转换为数字信号后，控制器可以进行各种计算和分析，从而实现精确控制和监测。控制器生成的控制信号也可能需要通过数模转换器（DAC）转换为模拟信号，驱动执行机构。这是信号处理的另一关键环节，确保控制器的输出能够准确驱动实际设备。执行机构通常需要模拟信号来操作，例如电动机的速度控制、阀门的开闭控制等。因此，通过DAC转换，控制器能够将数字控制信号转换为模拟信号，保证执行机构能够正确执行预期的操作。

信号处理技术确保信号的准确传输和处理，提高系统的响应速度和控制精度。通过高精度的ADC和DAC，信号在转换过程中可以最大限度地保持其原始特性，减少转换误差。高质量的信号处理硬件和算法，可以显著提高系统的响应速度和精度。例如，在高速数据采集和实时控制系统中，信号处理技术的性能直接影响到系统的整体性能和可靠性。模拟与数字信号处理技术广泛应用于各种自动化系统。例如，在过程控制系统中，温度、压力、流量等传感器采集的模拟信号，通过ADC转换为数字信号后，控制器可以实时监测和调节过程参数，确保生产过程的稳定和高效运行。同样地，控制器生成的数字控制信号，通过DAC转换为模拟信号后，可以驱动执行机构如加热器、泵和阀门，执行相应的控制任务。

信号处理技术不仅涉及ADC和DAC转换，还包括信号的滤波、放大和调理等过程。模拟信号在传输过程中，可能会受到噪声和干扰的影响，因此需要进行滤波和放大处理，以提高信号的质量和信噪比。例如，在温度测量中，热电偶传感器的输出信号通常非常微弱，需要通过放大电路将其放大到适合ADC输入的电平，同时通过滤波电路去除干扰噪声，提高测量精度。DSP技术通过数字信号处理器或专用算法，对采集到的数字信号进行处理和分析，实现滤波、傅里叶变换、频谱分析等功能。例如，在振动监测系统中，通过DSP技术对传感器采集的振动信号进行实时分析，可以识别机械设备的故障特征，提前进行维护和维修，避免设备突然故障造成的损失。

信号处理技术在无线传感器网络（WSN）中也有广泛应用。WSN 中的传感器节点需要对采集到的环境数据进行处理和传输，信号处理技术可以提高数据传输的可靠性和效率。例如，通过信号压缩和编码技术，可以减少数据传输量，节省无线通信带宽和节点能耗，提高网络的整体性能和寿命。

# 第二节　电气自动化系统的构成

## 一、传感器和测量设备

### （一）温度传感器

温度传感器用于测量系统中的温度变化，常见类型包括热电偶、热电阻和红外温度传感器。热电偶通过两种不同金属接点的温差产生电动势来测量温度，具有响应快、测量范围广的特点；热电阻通过材料电阻值随温度变化的特性来测量温度，具有高精度、稳定性好的优点；红外温度传感器则通过检测物体发出的红外辐射来测量温度，适用于非接触测量。温度传感器的准确性和灵敏度直接影响系统的温度控制精度和响应速度，确保设备在最佳温度范围内运行。

### （二）压力传感器

压力传感器用于测量气体或液体的压力，常见类型包括压电式、应变片式和电容式压力传感器。压电式压力传感器利用压电材料在受力时产生的电荷变化来测量压力，具有高灵敏度、动态响应好的特点；应变片式压力传感器通过测量应变片在压力作用下的形变来检测压力变化，具有结构简单、成本低的优点；电容式压力传感器则通过电容值随压力变化的特性来测量压力，具有高精度、稳定性好的优势。压力传感器的准确性和灵敏度对系统的安全性和稳定性至关重要，能够实时监控压力变化，防止过压或泄漏事故的发生。

### （三）流量传感器

流量传感器用于测量液体或气体的流动量，常见类型包括涡轮流量计、电磁流量计和超声波流量计。涡轮流量计通过测量流体流经涡轮时产生的旋转速度来确定流量，具有结构简单、测量范围广的特点；电磁流量计通过法拉第电磁感应定律来测量导电液体的流量，具有无压损、精度高的优点；超声波流量计则利用超声波在流体中传播速度的变化来测量流量，适用于多种流体，具有非接触测量、安装方便的优势。流量传感器的准确性和灵敏度对过程控制和资源管理非常重要，能够确保流体的精准输送和计量，提高系统的效率和经济性。

### (四) 液位传感器

液位传感器是一种测量液位的压力传感器，常见类型包括浮球液位计、电容式液位计、超声波液位计。浮球液位计通过浮球随液位变化而上下移动来测量液位，具有结构简单、使用寿命长的特点；电容式液位计通过测量电容值随液位变化的特性来检测液位，具有高精度、响应快的优点；超声波液位计则利用超声波在液体中的反射时间来测量液位，适用于多种介质，具有非接触测量、安全性高的优势。液位传感器的准确性和灵敏度对于储罐管理和液体处理过程至关重要，能够实时监控液位变化，防止溢出或干涸情况的发生，提高系统的安全性和可靠性。

## 二、控制器

### (一) 分布式控制系统 (DCS)

分布式控制系统 (DCS) 是用于复杂工业过程控制的控制器，广泛应用于化工、石油、天然气和电力等行业。DCS 采用分布式架构，将控制任务分配到多个分散的控制单元中，通过高速通信网络实现数据传输和信息共享。每个控制单元独立处理传感器数据并执行控制任务，同时可以通过中央控制室进行统一监控和管理[①]。DCS 的分布式架构提高了系统的可靠性和灵活性，能够有效应对复杂工况和多变量控制需求，是大型工业过程控制的理想选择。

---

① 孙少平. 基于云平台的新生儿培养箱中央智能监护系统的设计与应用 [J]. 医院数字化管理，2019(12)：84-87.

### (二) 工业计算机

工业计算机作为电气自动化系统中的高级控制器，广泛应用于需要复杂数据处理和高级控制算法的场景。工业计算机具有强大的计算能力和多任务处理能力，能够运行复杂的控制算法和数据分析程序。它可以通过多种通信接口与传感器、执行机构和其他控制器连接，实现对整个系统的综合控制和优化。工业计算机通常运行实时操作系统或专用工业软件，提供丰富的编程接口和开发工具，使得复杂控制策略和数据处理算法的实现更加便捷和高效。

### (三) 控制算法与编程

控制器能够执行复杂的逻辑运算、时间控制和数据处理任务，这得益于其内置的控制算法和编程功能。常见的控制算法包括 PID 控制、模糊控制、神经网络控制等，这些算法可以通过编程实现，根据系统的实时状态进行自适应调整，优化控制效果。控制器的编程语言多样，包括梯形图、功能块图、结构化文本等，用户可以根据实际需求选择合适的编程语言和开发工具，编写控制程序并下载到控制器中运行。通过灵活的编程和强大的控制算法，控制器能够实现复杂的自动化控制任务，提高系统的智能化水平和运行效率。

## 三、执行机构

### (一) 执行机构的类型及其功能

执行机构是电气自动化系统中的关键组件，根据控制器发出的指令进行实际操作，实现系统的控制目标。常见的执行机构类型包括电动机、气动执行器、液压执行器和电磁阀等。电动机是最常用的执行机构，广泛应用于各种机械驱动场合，如风扇、电梯和传送带等。电动机通过接收控制信号来调节其速度和方向，实现精确的运动控制。气动执行器和液压执行器则将压缩空气或液压油作为动力源，驱动机械部件进行动作。气动执行器常用于快速动作和定位精度要求不高的场合，如包装设备和输送系统；液压执行器则适用于需要大力矩和高精度控制的场合，如工业机械和重型设备。电磁阀通过电磁铁的吸合和释放来控制液体或气体的流动，广泛应用于流体控制系统，如水处理和化工生产中。这些执行机构通过将电信号转换为物理动作，直接执行控制任务，如调节阀门的开度、启动和停止电机、调节加热器的温度等。执行机构的性能和质量对系统的整体控制效果有着直接的影响，因此在选择执行机构时，需要综合考虑其响应速度、控制精度和可靠性等因素，以满足具体应用的需求。

### (二) 执行机构对系统响应速度和控制精度的影响

执行机构的响应速度和控制精度是衡量其性能的重要指标。响应速度决定了系统对控制指令的快速反应能力，直接影响自动化系统的实时性和动态性能。例如，在高速生产线上，执行机构的快速响应能够提高生产效率和产品质量，减少生产过程中的滞后现象。控制精度则决定了执行机构对控制指令的准确执行能力，影响系统的稳定性和精确度。高精度的执行机构能够确保系统按照预定的轨迹和参数运行，减少误差和偏差。例如，高精度的电动机和驱动器能够确保加工工件的尺寸精度和表面质量，满足高标准的制造要求。

为了提高执行机构的响应速度和控制精度，通常需要采用先进的控制算法和高性能的驱动器。例如，伺服电机系统通过闭环反馈控制和高精度编码器，能够实现高响应速度和高控制精度，被广泛应用于精密制造和自动化生产中。执行机构的设计和制造质量也对其性能有着重要影响。高质量的执行机构具有较小的摩擦损耗和机械间隙，能够保持稳定的运行状态，减少故障和维护需求。选择适合应用场景的执行机构，并对其进行合理的维护和保养，可以显著提高系统的整体性能和可靠性。

## 四、人机界面（HMI）

### (一) HMI 设备的类型及其功能

人机界面（HMI）用于操作人员与自动化系统的交互，确保系统的操作和监控更加直观和高效。HMI 设备包括操作面板、触摸屏、计算机监控系统等。操作面板通常配备物理按钮、指示灯和显示器，用于基本的操作和状态显示，适用于工业环境中的简单控制需求。触摸屏 HMI 则通过图形界面提供更丰富的交互方式，操作人员可以通过点击和滑动屏幕来操作设备和调整参数。计算机监控系统（如 SCADA 系统）则用于复杂的过程监控和管理，提供全面的数据监控、报警处理和历史记录功能。这些 HMI 设备通过不同的交互方式，实现对自动化系统的实时监控、控制和管理，提高了系统的操作效率和安全性。

### （二）HMI 在实时监控和操作中的作用

通过 HMI 设备，操作人员可以实时监控系统状态、调整控制参数、手动操作设备和处理报警信息。在实时监控方面，HMI 提供了系统运行状态的可视化展示，包括设备的运行状态、生产过程参数、报警信息等，使操作人员能够及时发现和处理异常情况。在参数调整方面，HMI 允许操作人员根据生产需求和工艺要求，灵活调整控制参数，如温度、压力、流量等，确保系统的最佳运行状态。在手动操作方面，HMI 提供了便捷的设备操作功能，操作人员可以通过界面直接启动、停止设备或进行手动控制，特别适用于设备调试和维护过程。此外，HMI 还提供了报警管理功能，能够及时提示操作人员系统中的故障和异常情况，并提供相应的处理建议。

### （三）HMI 设计的用户体验和操作便利性

HMI 的设计应注重用户体验，HMI 界面应采用清晰的图形和直观的布局，使操作人员能够快速理解和使用。重要信息和操作按钮应放置在显眼的位置，减少操作步骤，提高操作效率。HMI 应具备良好的响应速度和流畅的操作体验，确保操作人员在调整参数和执行操作时能够得到及时反馈。触摸屏 HMI 应支持多点触控和手势操作，提供更加灵活和便捷的操作方式。HMI 应支持多语言显示和用户自定义功能，满足不同用户和应用场合的需求。HMI 的设计应考虑操作人员的工作环境和使用习惯，提供合适的屏幕亮度、对比度和字体大小，减少操作疲劳。通过优化用户体验和操作便利性，HMI 能够显著提高系统的操作效率和安全性，增强操作人员的满意度和工作积极性。

## 五、通信网络

### (一) 常用通信技术及其应用

通信网络在电气自动化系统中起着连接各个组件的作用，确保数据的高效传输和信息共享。常用的通信技术包括工业以太网、现场总线和无线通信等。工业以太网是一种基于以太网技术的工业通信网络，具有高带宽、低延迟和强抗干扰能力，被广泛应用于现代自动化系统中。它能够连接多个设备，实现大规模数据的高速传输和实时通信。工业以太网适用于需要高数据传输速率和实时性的应用场景，如工业生产线、智能制造和过程控制系统。

现场总线是一种用于连接传感器、执行器和控制器的工业通信网络，常见的现场总线包括 Profibus、Modbus 和 CAN 等。Profibus 是一种标准化的现场总线技术，具有高传输速率和可靠的通信性能，广泛应用于工业自动化、过程控制和制造系统中。Modbus 是一种简单易用的通信协议，适用于各种自动化设备和系统之间的数据传输。CAN 总线则常用于汽车工业和工业自动化中，具有实时性强、可靠性高的特点，适用于需要高实时性和抗干扰能力的应用场景。

无线通信技术，如 Wi-Fi 和 Zig Bee，在工业自动化系统中也得到了广泛应用。Wi-Fi 适用于需要大范围覆盖和高数据传输速率的应用，如无线传感器网络、远程监控和移动设备连接等。Zig Bee 是一种低功耗、低数据速率的无线通信技术，适用于需要低功耗和高可靠性的应用，如家庭自动化、智能建筑和工业自动化中的无线传感器网络。

### (二) 通信网络的稳定性和速度对系统性能的影响

通信网络的稳定性和速度直接影响电气自动化系统的整体性能和可靠性。稳定的通信网络能够确保数据的准确传输和及时响应，提高系统的可靠性和运行效率。通信网络的不稳定性可能导致数据丢失、通信延迟和系统故障，影响系统的正常运行和控制效果。高速度的通信网络能够实现快速的数据传输和实时通信，满足自动化系统对高响应速度和实时性的需求。在工业自动化系统中，快速的数据传输和实时通信对于过程控制、设备协调和生产效率至关重要。例如，高速的通信网络能够确保设备之间的协调运行，提高生产线的效率和产品质量。

通信网络的稳定性和速度还直接影响到系统的扩展性和灵活性。高性能的通信网络能够支持大规模设备的连接和数据传输，适应系统的扩展和升级需求。稳定的通信网络能够确保新设备和系统的无缝集成，实现系统的灵活配置和优化，提高自动化系统的整体性能和可靠性。

## 六、电源供应

### (一) 各类电源供应设备及其功能

电源供应是电气自动化系统正常运行的基础，系统的各个组件需要稳定可靠的电源供应。常见的电源供应设备包括交流电源和直流电源转换器、稳压电源和不间断电源（UPS）等。交流电源和直流电源转换器是最基础的电源供应设备。交流电源通常来自市电，为大多数工业设备提供电力。直流电源转换器则将交流电转换为所需的直流电，供给各种电子设备和控制系统使用。直流电源转换器具有稳定的输出电压和电流，确保系统中的电子设备能够稳定运行。稳压电源用于提供稳定的输出电压，防止电压波动对系统的影响。电压波动可能导致设备故障或损坏，稳压电源通过自动调整输出电压，保持电压的稳定，确保设备在最佳条件下运行。稳压电源广泛应用于精密设备和需要高电源质量的场合，如计算机系统、通信设备和精密仪器等。不间断电源（UPS）是电气自动化系统中的关键设备，用于在市电中断时进行临时电力供应。UPS通过内置的电池组在市电中断时自动切换到电池供电，确保系统的持续运行，防止数据丢失和设备损坏。UPS在工业自动化系统中具有重要作用，特别是在关键任务和高可靠性要求的应用中，如数据中心、医疗设备和生产线控制系统等。

### (二) 电源供应的稳定性和可靠性对系统运行的影响

电源供应的稳定性和可靠性直接影响电气自动化系统的正常运行和寿命。稳定可靠的电源供应能够确保系统的各个组件在设计的电压和电流范围内运行，防止因电源问题导致的设备故障和性能下降。电源供应的不稳定性，如电压波动和电源中断，会对系统造成严重影响。电压波动可能导致控制器误动作、传感器失效和执行机构无法正常工作，从而影响系统的控制精度和响应速度。电源中断则可能导致数据丢失、设备停机和生产中断，造成经济损失和安全隐患。因此，电源供应的稳定性是确保系统可靠运行的关键因素。

电源供应的可靠性也直接关系到系统的使用寿命。长期不稳定的电源供应会加速设备的老化和损坏。稳定可靠的电源供应能够减轻设备的电气应力，提高系统的整体可靠性和经济性。为了提高电源供应的稳定性和可靠性，通常采取多种措施。选择质量可靠的电源设备，如高质量的稳压电源和UPS，确保其性能和寿命。进行合理的电源设计和配置，确保各个设备的电源需求得到充分满足。定期进行电源设备的维护和检测，及时发现和处理潜在的电源问题，确保电源系统的持续稳定运行。

## 七、保护与安全装置

### (一) 保护装置

保护装置用于防止电气自动化系统中的设备因异常情况而损坏。常见的保护装置包括过载保护、短路保护、过压保护和漏电保护等。过载保护装置用于防止电机等设备因负载过大而损坏。它通过监测电流的大小，当检测到电流超过预设值时，立即切断电源，防止设备过热和损坏。过载保护装置在电机启动和运行过程中尤为重要，确保设备在安全电流范围内运行。短路故障会导致电流瞬间剧增，可能引发设备损坏和火灾。短路保护装置通过快速检测短路电流，立即切断电路，保护设备和线路安全。断路器和熔断器是常见的短路保护装置，广泛应用于工业自动化系统中。

过压保护装置用于防止电压过高对设备造成损害。过高的电压可能导致设备绝缘击穿和电子元器件损坏。过压保护装置通过监测电压水平，当电压超过安全范围时，迅速切断电源或启动保护电路，确保设备在安全电压范围内工作。漏电可能引发触电事故和电气火灾，严重威胁操作人员和系统的安全。漏电保护装置通过检测电流的泄漏，当漏电电流超过安全值时，保护人员和设备安全。漏电断路器（RCD）是常见的漏电保护装置，广泛应用于各种电气设备和系统中。

## （二）安全装置

安全装置用于在紧急情况下保障系统的安全运行，防止设备损坏和人员伤害。常见的安全装置包括紧急停止按钮、安全栅栏和报警系统等。紧急停止按钮（E-stop）是电气自动化系统中最基本的安全装置。它用于在紧急情况下立即停止设备运行，防止事故进一步扩大。紧急停止按钮通常安装在设备的显眼位置，便于操作人员在紧急情况下快速按下，切断设备的电源或停止设备的动作，确保操作人员和设备的安全。

安全栅栏用于防止人员进入危险区域，保护操作人员的安全。安全栅栏通常由金属栏杆和安全开关组成，当安全栅栏被打开或移动时，安全开关会立即触发报警或切断设备电源，防止操作人员误入危险区域。安全栅栏广泛应用于工业生产线和机械设备周围，提供物理隔离和安全保护。报警系统用于在系统出现异常情况时及时通知操作人员采取措施，防止事故发生或扩大。报警系统可以通过声光报警、短信通知和远程监控等方式，将故障信息传达给操作人员和管理人员。通过报警系统，操作人员可以迅速了解系统状态，进行故障排查和处理。

## （三）综合安全管理

通过将保护装置和安全装置集成在一起，形成完整的安全管理体系，可以提高系统的整体安全性和可靠性。在综合安全管理中，保护装置和安全装置协同工作，提供多层次的安全保障。例如，当设备发生过载或短路故障时，过载保护和短路保护装置能够迅速切断电源；同时，紧急停止按钮和报警系统能够立即通知操作人员进行紧急处理，防止事故扩大。

为了实现综合安全管理，需要对系统进行全面的安全评估和风险分析，确定潜在的安全隐患和风险因素。合理配置保护装置和安全装置，制定详细的安全操作规程和应急预案，确保操作人员能够正确使用安全装置，及时应对紧急情况。通过定期维护和检测，确保保护装置和安全装置的可靠性和有效性。定期检查电气设备的运行状态，测试保护装置和安全装置的功能，及时发现和处理潜在的安全问题，保障系统的长期安全运行。

# 第三节　电气自动化技术的发展历程

## 一、初始阶段：电气控制与简单机械化（19世纪末至20世纪初）

电气自动化技术的发展始于19世纪末和20世纪初，这一阶段以电气控制和简单机械化为主要特点。随着电力的广泛应用，早期的电气控制设备如继电器、开关和电动机开始用于工业生产。继电器逻辑控制成为当时自动化控制的主要手段，用于实现简单的开关控制和顺序控制。例如，在纺织、冶金和矿业等行业，电动机驱动的机械设备取代了传统的手动操作和蒸汽驱动，大大提高了生产效率和工作安全性。然而，这一阶段的电气自动化技术还处于初级阶段，控制系统主要依靠人工操作和简单的电气元件，自动化程度较低。

## 二、发展阶段：可编程逻辑控制器（PLC）和计算机控制（20世纪60年代至80年代）

20世纪60年代至80年代是电气自动化技术的快速发展阶段。随着电子技术和计算机技术的进步，可编程逻辑控制器（PLC）在这一时期应运而生，成为工业自动化的核心控制设备。PLC具有灵活性强、可靠性高和易于维护等优点，迅速取代了传统的继电器逻辑控制系统。此外，计算机控制技术也开始应用于工业自动化，分布式控制系统（DCS）在复杂工业过程控制中得到了广泛应用。DCS将控制任务分散到各个控制单元中，通过计算机网络实现集中管理，提高了系统的可靠性和灵活性。这一阶段，自动化控制的复杂性和精确度显著提升，工业生产效率和质量得到了极大改善。

## 三、成熟阶段：集成化与网络化（20世纪90年代至21世纪初）

20世纪90年代至21世纪初，电气自动化技术进入了成熟阶段，集成化和网络化成为这一时期的主要特点。随着工业以太网、现场总线和无线通信技术的发展，自动化系统中的各个组件可以实现高效、可靠的数据传输和信息共享。工业控制网络（如Profibus、Modbus和CAN等）将传感器、执行器和控制器无缝连接起来，形成高度集成的自动化控制系统。同时，计算机技术和软件技术的进步，使得人机界面（HMI）和监控与数据采集系统（SCADA）得以广泛应用，操作人员可以通过直观的界面实时监控系统状态和操作设备。集成化和网络化的电气自动化系统显著提高了生产过程的透明度、灵活性和效率，推动了工业自动化的全面普及。

### 四、智能化阶段：人工智能与大数据（21世纪初至今）

电气自动化技术迎来了智能化阶段，人工智能（AI）和大数据技术的应用成为这一时期的重要标志[1]。通过AI和机器学习技术，自动化系统能够从大量数据中学习和优化控制策略。例如，机器学习算法可以用于预测设备的故障，优化能源管理，提升生产效率。大数据技术则为工业过程的优化和决策提供了强大的数据支持，实时数据分析和云计算平台的应用，使得自动化系统能够进行更加精准和高效的控制。智能传感器和物联网（IoT）技术的结合，使得自动化系统具备了更强的感知能力和自适应能力，进一步提升了工业生产的自动化水平和智能化程度。

### 五、未来展望：智慧工厂与工业4.0

未来，电气自动化技术的发展将进一步向智慧工厂和工业4.0方向推进。工业4.0概念强调通过物联网（IoT）、大数据、云计算和人工智能等先进技术，实现工业生产的全面数字化、网络化和智能化。智慧工厂将实现设备、生产线和生产管理系统的全面互联，通过智能分析和优化，实现高度灵活和自适应的生产过程。未来的电气自动化系统将更加智能化和自主化，能够自主学习和优化控制策略，进一步提升生产效率和产品质量，推动工业生产向更加高效、绿色和智能的方向发展。

---

① 李益鸣. 无线传感器网络在煤矿安全监测中的应用 [J]. 工程技术研究，2019，4（16）：140-141.

# 第八章　电气自动化控制系统

## 第一节　自动化控制系统的设计方法

### 一、系统架构设计

#### (一) 集中式架构

集中式架构将所有控制功能集中在一个控制器上，适用于小型和简单的控制系统。这种架构的优点是结构简单、成本较低、易于维护和管理。所有控制任务都由一个控制器处理，系统的设计和实现相对容易。集中式架构适合应用于控制需求较为简单、规模较小的系统，如小型制造设备、单一工艺过程控制等。然而，集中式架构也存在一些缺点，例如当控制任务增多或复杂度提高时，单一控制器可能会成为瓶颈，影响系统的响应速度和可靠性。此外，集中式架构的容错能力较差，如果控制器发生故障，整个系统将无法正常运行。

#### (二) 分布式架构

分布式架构将控制功能分散到多个控制器上，通过网络实现数据传输和协调控制，适用于大型和复杂的控制系统。每个控制器负责特定的控制任务，多个控制器之间通过通信网络进行数据交换和协同工作。这种架构的优点是具有良好的扩展性和可靠性，可以有效分担控制任务，减少单点故障的风险，提高系统的响应速度和处理能力[1]。分布式架构适合应用于控制需求复杂、规模较大的系统，如化工生产线、大型自动化工厂和智能制造系统等。尽管分布式架构的设计和实现相对复杂，且需要解决通信延迟和数据同

---

① 孔宁宁，崔沛. 传感器技术在机电自动化控制中的应用 [J]. 造纸装备及材料，2021，50(5)：99-101.

步等问题，但其强大的扩展性和可靠性使其在现代自动化控制系统中得到广泛应用。

### （三）模块化架构

模块化架构将系统划分为多个独立的功能模块，每个模块负责特定的控制任务，通过接口进行数据交换和协同工作。这种架构的优点是灵活性强、易于扩展和维护。各个模块可以独立开发、测试和部署，系统的扩展和升级变得更加方便。模块化架构适合应用于需要灵活配置和多功能集成的控制系统，如复杂的自动化生产线、智能楼宇管理系统和大型过程控制系统等。模块化架构通过标准化接口实现模块之间的互联互通，可以在不影响其他模块运行的情况下，增加或更换功能模块，提高系统的可维护性和可扩展性。

## 二、控制算法设计

### （一）比例－积分－微分（PID）控制

PID控制是自动化控制系统中最常见且广泛应用的控制算法。它通过对系统的偏差（即设定值与实际值的差异）进行比例、积分和微分计算，生成控制信号以调整系统输出，实现对目标的精确控制。PID控制的优势在于其算法简单、稳定性高、易于实现，适用于各种工业控制场景。比例控制（P）能够根据偏差大小生成控制信号，积分控制（I）能够消除系统的静态误差，微分控制（D）能够预见系统的变化趋势。PID控制器参数的调节是实现系统最佳性能的关键，通过适当的参数调节，可以实现快速响应和稳定控制。

### （二）模糊控制

模糊控制适用于处理复杂和不确定性系统，通过模糊逻辑实现对系统的控制。模糊控制不依赖于系统的精确数学模型，而是基于专家经验和规则，将系统的输入输出关系描述为模糊规则。模糊控制器能够处理非线性、时变和不确定性的系统，特别适用于复杂工业过程控制和环境变化较大的系统。模糊控制的设计包括模糊化、规则推理和去模糊化三个步骤。模糊化将系统输入转换为模糊集合，规则推理根据模糊规则生成模糊控制输出，去模糊化将模糊控制输出转换为实际控制信号。通过模糊控制，可以实现对复杂系统的有效控制，提高系统的适应性和鲁棒性。

### (三) 神经网络控制

神经网络控制具有自学习和自适应能力，适用于非线性和复杂系统的控制。神经网络通过模拟生物神经元的工作原理，建立系统的输入输出映射关系。神经网络控制器能够通过训练学习系统的动态特性，不断调整控制参数，实现对复杂系统的精确控制。神经网络控制适用于不易建立精确数学模型的系统，如机器人控制、复杂化工程控制等。神经网络控制的设计包括神经网络的结构设计、训练算法选择和参数调整。通过神经网络的自学习能力，可以不断优化控制策略，提高系统的控制性能和适应能力。

### (四) 自适应控制

自适应控制能够根据系统的变化自动调整控制参数，提高系统的鲁棒性和适应性。自适应控制器通过实时检测系统的运行状态，动态调整控制参数，以适应系统的变化和环境的干扰。自适应控制特别适用于系统特性变化较大或运行环境不确定的场景，如航空航天、汽车工业和能源系统等。自适应控制的实现包括模型参考自适应控制、参数自适应控制和结构自适应控制等方法。模型参考自适应控制通过参考模型实现对系统的跟踪控制，参数自适应控制通过调整控制参数实现最佳控制效果，结构自适应控制通过调整控制结构适应系统变化。自适应控制能够显著提高系统的鲁棒性和适应性，实现对复杂系统的高效控制。

## 三、硬件选型与设计

### (一) 控制器选择

控制器是自动化控制系统的核心，其选择需要综合考虑处理能力、输入输出接口和编程灵活性。控制器的处理能力决定了其能够处理的数据量和运算速度，应根据系统的复杂性和实时性要求选择合适的控制器。输入输出接口的种类和数量需要满足系统各传感器和执行机构的连接需求，确保数据采集和控制信号的准确传输。编程灵活性则影响系统的开发和维护，应选择支持常见编程语言和开发工具的控制器，以提高开发效率和系统可维护性。常见的控制器包括可编程逻辑控制器（PLC）、分布式控制系统（DCS）和工业计算机（IPC），选择时需结合具体应用场景进行评估。

### （二）传感器选择

传感器用于采集系统运行状态的各种物理量，其选择需要考虑测量精度、响应速度和环境适应性。测量精度决定了传感器对被测量参数的准确性，应根据控制系统对精度的要求选择适当的传感器。响应速度则影响系统对变化的反应能力，快速响应的传感器能够提高系统的动态性能。环境适应性包括耐温、耐湿、抗震等特性，应根据传感器的使用环境选择合适的传感器类型，确保其在恶劣环境下稳定工作。常见的传感器类型包括温度传感器、压力传感器、流量传感器和位置传感器等，应根据具体测量需求进行选择。

### （三）执行机构选择

执行机构用于根据控制器的指令执行具体动作，其选择需要考虑动作精度、响应时间和负载能力。动作精度决定了执行机构能够实现的控制精度，应根据控制系统的要求选择合适的执行机构。响应时间则影响系统的快速响应能力，快速响应的执行机构能够提高系统的控制性能。负载能力决定了执行机构能够承受的最大工作负荷，应根据实际应用中的负载情况选择适当的执行机构。

### （四）通信设备选择

通信设备用于实现系统内各个组件之间的数据传输，其选择需要考虑传输速度、稳定性和抗干扰能力。传输速度决定了系统内数据交换的效率，应根据系统的实时性要求选择具有足够带宽的通信设备。稳定性则影响系统的可靠性，应选择具有良好稳定性和低误码率的通信设备。抗干扰能力决定了通信设备在复杂电磁环境下的性能，应选择具有较强抗干扰能力的设备，确保数据传输的准确性和可靠性。常见的通信技术包括工业以太网、现场总线（如 Profibus、Modbus、CAN）和无线通信（如 Wi-Fi、Zig Bee）等，应根据系统架构和应用场景选择合适的通信设备。

### （五）电路设计

电路设计是硬件设计的重要部分，包括电源设计、信号处理电路设计和保护电路设计。电源设计需要确保系统各部分供电的稳定性和可靠性，选择合适的电源模块和电压调节器。信号处理电路设计需要考虑信号的放大、滤波和转换，确保信号的准确传输和处理。保护电路设计包括过压保护、过流保护和防雷保护等，确保系统在异常情况下的安全性和稳定性。

### （六）接口设计

接口设计涉及各硬件设备之间的连接和数据交换，包括模拟接口、数字接口和通信接口的设计。模拟接口用于连接模拟传感器和执行机构，数字接口用于连接数字传感器和执行机构，通信接口用于实现控制器和外部设备的数据通信。接口设计需要考虑接口的类型、数量和信号匹配，确保各设备之间能够可靠连接和数据交换。

### （七）布局设计

布局设计是硬件设计的最后一步，包括各硬件设备的物理位置安排和布线设计。布局设计需要考虑设备的安装方便性、散热和电磁兼容性等因素。合理的布局设计可以提高系统的可靠性和维护便利性，减少电磁干扰和信号衰减，确保系统的稳定运行。

## 第二节　自动化控制系统的调试

### 一、初始调试

初始调试是自动化控制系统调试的重要开端，目的是通过一系列初步检查和测试，确保系统中各个组件能够正常工作。需要对各个传感器、执行机构和控制器的连接进行确认，确保它们之间的连接正确无误。电源供应的稳定性也在检查范围之内，稳定的电源供应是系统正常运行的前提条件。此外，还需要检查通信线路的畅通性，确认数据传输的可靠性，避免因通信中断或干扰导致的系统故障。安装完成后，还需要进行初步配置，以确保软件能够与硬件正确对接，顺利运行。控制软件的安装是为了保证系统能够按设定的逻辑进行操作，而监控软件则用于实时监控系统的运行状态，及时发现和处理潜在问题。在安装和配置过程中，还需要检查软件与硬件的兼容性，确保所有软件能够在现有的硬件环境中正常运行，避免因软件不兼容引发的系统问题。

通过简单的操作，如启动和停止系统，可以观察各功能模块的响应情况，确认它们能够正常运行。此外，还需要分别测试各个功能模块，确保每个模块不仅能够独立运行，还能够相互配合，形成一个完整的系统。初步性能评估也是这一环节的重要内容，通过对系统进行初步性能评估，可以确认系统在基本运行状态下的稳定性和可靠性①。测试过程中如发现问题，需要及时进行故障排除，确保所有问题在初始调试阶段得到解决，为后续的详细调试和正式运行打下良好的基础。在硬件连接检查中，特别需要注意的是传感器的连接状态，因为传感器是系统获取外部信息的关键部件，其连接状态直接影响系统的准确性和稳定性。执行机构的连接检查同样重要，因为它们负责将控制命令转化为具体动作，任何连接问题都可能导致系统无法正常执行命令。控制器作为系统的核心部件，其连接状态更是不容忽视，任何一个连接点出现问题，都会影响整个系统的运行。

对于软件安装环节，需要确保安装过程的规范性和配置的正确性。控制软件的安装需要遵循一定的流程，确保每一步都准确无误。监控软件的安装同样需要仔细进行，特别是在初步配置时，要确保各项设置符合系统需求。此外，软件安装后需要进行兼容性测试，确保软件能够在现有硬件环境中正常运行，避免后续使用中出现不必要的问题。基本功能测试是对系统整体性能的一次全面检验。在测试过程中，需要对各个功能模块进行独立测试和协同测试，确保每个模块都能正常工作并能相互配合。初步性能评估可以

① 张禹，孙奎，张元飞，等. 用于机械臂末端感知的激光测距传感器设计 [J]. 机器人，2014，36（5）：519-526+534.

通过一些简单的操作来完成，如启动、停止系统，观察系统的响应速度和稳定性。

## 二、单元测试

单元测试是自动化控制系统中至关重要的环节，通过对系统中各个独立模块进行详细测试，确保每个模块的功能和性能符合设计要求。单元测试的核心目的是验证每个组件的独立工作能力，从而确保整个系统在实际运行中能够高效、稳定地运作。单元测试主要包括传感器测试、执行机构测试和控制算法测试三个方面。传感器作为系统中获取环境数据的主要工具，其测量精度对系统的整体性能至关重要。在这一环节，必须仔细检查传感器的测量精度，确保其能够在各种环境条件下提供准确的数据。此外，传感器的响应速度也是一个关键因素。快速响应能够确保系统能够及时反映环境变化，从而做出适当的调整。稳定性测试则是为了确认传感器在长时间运行中的可靠性，确保其在各种条件下都能保持一致的性能。通过全面的传感器测试，可以确保传感器在实际应用中能够稳定、准确地采集数据，为系统的正常运行提供可靠的数据支持。

执行机构测试则关注执行机构的动作精度、响应时间和负载能力。执行机构负责将控制指令转化为具体的动作，其动作精度直接影响到系统的操作效果。在测试中，需要验证执行机构在接收到指令后，能否准确地执行相应操作。此外，响应时间测试确保执行机构能够迅速响应控制命令，避免由于响应延迟导致的系统不稳定。负载能力测试是为了确认执行机构在不同负载条件下的工作能力，确保其在高负载情况下仍能稳定运行。可以确保执行机构在实际运行中能够高效、准确地执行控制命令，为系统的正常运行提供保障。控制算法测试是单元测试中最为复杂的部分，其主要目的是验证控制算法的正确性和稳定性。控制算法是系统的核心，决定了系统在各种条件下的控制效果。在测试中，需要通过设计详细的测试用例来验证控制算法的正确性，确保算法在各种情况下都能实现预期的控制目标。同时，稳定性测试则是为了确认控制算法在长时间运行中的可靠性，避免因算法错误或失效导致的系统问题。通过全面的控制算法测试，可以确保系统在实际应用中能够稳定、高效地运行。

单元测试的成功实施需要详细设计测试用例，这是保证测试质量的关键一步。测试用例的设计应全面覆盖各个测试项目，确保每个功能点都得到验证。在设计测试用例时，需要考虑各种可能出现的使用场景和极端情况，以确保测试结果的全面性和可靠性。此外，记录测试结果是单元测试的重要环节。通过详细记录每次测试的结果，可以为后续的调整和优化提供数据支持。根据测试结果进行调整和优化是单元测试的最终目标。如果发现某些模块的性能或功能不符合设计要求，需要根据测试结果进行调整，改进设计或优化参数，以确保每个模块都能够达到预期性能。通过不断测试和优化，可以逐步提高系统的整体性能，确保其在实际应用中能够稳定、高效地运行。

通过单元测试，可以确保自动化控制系统中的各个模块都能够独立运行，并达到设计要求。传感器测试、执行机构测试和控制算法测试的综合实施，可以确保每个模块的性能和功能都符合预期，从而为系统的整体稳定性和高效性提供保障。单元测试不仅需要细致的测试用例设计和全面的测试结果记录，还需要根据测试结果进行持续的调整和优化，最终实现系统的最佳性能。通过这些努力，可以确保系统在实际运行中能够稳定、高效地工作，为用户提供可靠的自动化控制解决方案。

### 三、集成测试

集成测试是自动化控制系统开发过程中至关重要的一个环节，通过对系统中各个模块进行集成后的整体测试，确保各模块之间的接口和通信正常，系统能够按预期运行。集成测试的主要任务是验证各个模块在集成后的协同工作能力，确保系统在整体运行时没有任何障碍。集成测试包括接口测试、通信测试和功能测试三个主要方面。各模块之间的接口是系统数据传输和控制信号交换的关键点，任何一个接口出现问题，都可能导致整个系统的失效。在接口测试中，需要检查各模块之间的物理连接，确保所有连接都按照设计规范正确连接。同时，还需要检查信号传输的正确性，确认数据在各模块之间能够无误传递和处理。接口测试还包括对接口协议的验证，确保各模块之间的通信协议一致，没有兼容性问题。通过这些检查，可以确保各模块在物理和逻辑上都能顺利连接，为系统的正常运行奠定基础。

通信测试不仅需要确认各模块之间的通信线路畅通无阻，还需要测试数据传输的实时性和稳定性。通过模拟实际工作环境中的通信负载，可以验证系统在高负载情况下的通信能力，确保数据传输不受干扰，系统能够实时通信和协调工作。通信测试还包括对数据包的完整性和误码率的检查，确保数据在传输过程中不会丢失或出错，从而保证系统的可靠性和稳定性。功能测试是集成测试中最为重要的部分，其主要任务是对系统的主要功能进行全面测试，验证系统在各种工作条件下的表现。在功能测试中，需要对系统的各项功能进行详细操作和检查，确保每个功能模块都能按照设计要求正常工作。功能测试还需要验证各功能模块之间的协同工作能力，确保系统在整体运行时，各模块能够相互配合，共同完成预定的任务。通过功能测试，可以发现系统在实际工作中的潜在问题，并进行及时调整和优化。

只有在模拟实际工作环境中进行测试，才能真实地反映系统在实际应用中的表现。测试人员需要根据系统的设计要求和实际应用场景，设置各种测试条件，模拟系统在不同环境下的运行状态。通过这些模拟测试，可以全面验证系统的性能和稳定性，确保系统在各种工作条件下都能正常运行。测试用例的设计应全面覆盖系统的各个方面，确保每个功能点和接口都得到验证。

## 四、性能测试

性能测试是自动化控制系统开发中的关键步骤，旨在对系统的运行性能进行详细评估，确保系统在各种负载和环境条件下能够稳定运行。性能测试的主要目标是确认系统在实际使用中的表现，包括响应时间、负载能力和稳定性等方面。性能测试主要包括响应时间测试、负载测试和稳定性测试三个方面。响应时间的快慢直接影响系统对外部变化的反应能力。在这一环节中，需要通过一系列测试来评估系统在接收到输入信号后的响应速度。具体而言，这包括系统在不同输入条件下的响应时间测量，确保系统能够迅速而准确地对外部变化做出反应。响应时间测试的结果不仅能够反映系统的实时性，还能为后续的优化提供重要数据支持。通过详细的响应时间测试，可以确保系统在实际应用中能够及时响应各种外部变化。

负载测试是性能测试中的核心部分，其主要目的是验证系统在不同负载条件下的处理能力和性能瓶颈。负载测试通过模拟不同的负载情况，评估系统在高负载条件下的运行表现。需要逐步增加系统的负载，观察其性能变化，识别系统在高负载条件下的处理能力和可能存在的性能瓶颈。通过负载测试，可以发现系统在高负载下的弱点，从而为优化和改进提供依据。此外，负载测试还能够帮助确定系统的最大负载能力，确保系统在实际使用中不会因负载过高而出现崩溃或性能急剧下降的问题。

在稳定性测试中，需要在长时间运行系统的过程中，观察其性能变化和是否出现异常情况。通过对系统在不同运行时间段的性能记录，可以评估系统的稳定性和可靠性。稳定性测试还包括对系统在不同环境条件下的稳定性评估，确保系统在各种可能的应用环境中都能保持稳定运行。通过全面的稳定性测试，可以确保系统在实际应用中具备良好的稳定性，避免因长时间运行导致的性能下降或故障。测试用例的设计应覆盖系统的各个方面，确保每个性能指标都得到验证。

### 五、安全测试

安全测试是自动化控制系统开发中的一个重要环节，旨在对系统的安全性进行全面评估，确保系统在各种异常和紧急情况下能够有效地保护设备和人员的安全。通过安全测试，可以验证系统在应对故障、紧急停止和安全保护方面的能力，确保其在实际应用中具备高水平的安全性能。安全测试主要包括故障处理测试、紧急停止测试和安全保护测试三个方面。故障处理测试的主要目的是通过模拟各种可能的故障情况，验证系统的故障检测和处理能力。需要创建各种故障场景，如传感器失灵、执行机构故障、电源中断等，以检查系统能否及时发现并处理这些故障。故障处理测试不仅关注系统能否准确检测到故障，还需要验证系统的响应措施是否有效，确保故障能够在最短时间内得到处理，从而将对设备和人员的危害降至最低。

紧急停止测试不仅仅是按下停止按钮这么简单，还需要模拟各种紧急情况，如火灾、机械故障或人员意外，观察系统的反应速度和停止效果。安全保护测试则是对系统各类安全保护措施进行全面检查，其目的是确保系统在各种异常情况下能够自动保护设备和人员的安全。安全保护措施包括过载保护、短路保护、漏电保护等多种机制。在这一测试中，需要逐项检查这些保护措施的有效性。例如，通过模拟电流过载情况，验证系统的过载保护功能是否能够及时切断电源，避免设备损坏或火灾发生。短路保护测试则是通过人为制造短路现象，检查系统能否迅速断开电路，防止电气事故。漏电保护测试同样重要，通过模拟漏电情况，验证系统的漏电保护装置是否能够迅速切断电源。通过对这些保护措施的详细测试，可以确保系统在各种异常情况下能够提供全面的安全保障。

## 六、现场调试

现场调试的核心任务是确认系统在真实环境中的性能和可靠性，从而确保其能够满足实际应用的需求。现场调试主要包括现场安装、现场测试和试运行三个方面。现场安装是现场调试的初始阶段，其主要任务是将系统的各个组件安装到实际应用现场，并进行连接和配置。需要仔细检查各个组件的安装位置和方式，确保其符合设计要求。系统的硬件部分，包括传感器、执行机构和控制器等，都需要按照预定的位置安装，保证其能够正常运行。接着，进行各组件之间的连接，确保所有连接线缆和通信线路都按照设计规范进行布置。配置工作同样重要，需要对系统的软硬件进行初步配置，确保其能够在现场环境中正常启动和运行。通过现场安装，可以为后续的现场测试和试运行打下坚实的基础。

现场测试需要模拟实际工作环境中的各种操作和使用场景，以确保系统在各种条件下都能正常运行。需要对系统的各个功能模块进行详细测试，包括传感器的测量精度、执行机构的动作精度和控制算法的正确性等。同时，还需要测试系统的整体性能完好，确保其在高负载条件下的稳定性和响应速度。通过现场测试，可以发现系统在实际应用中的潜在问题，并进行及时调整，确保系统能够在现场环境中稳定运行。在试运行过程中，需要监测系统的各项性能指标，包括运行速度、响应时间和稳定性等。通过对这些指标的观察和记录，可以全面评估系统在实际应用中的表现。试运行不仅是对系统性能的验证，也是对系统稳定性的考验。通过试运行，可以进一步优化系统的参数设置，确保其在实际应用中具备最佳性能。

# 第三节 自动化控制系统的维护与优化

## 一、自动化控制系统的维护

### (一) 定期检查与保养

定期对自动化控制系统进行检查和保养是确保系统正常运行的基础。定期检查包括硬件设备的物理状态、电源供应的稳定性、通信线路的畅通性等。保养工作则包括清洁设备、紧固连接件和更换易损件，以防止由于灰尘、松动或老化引起的故障。

### (二) 软件更新与补丁管理

自动化控制系统的软件部分需要定期更新，以修复已知漏洞、提升系统性能和增加新功能。软件补丁管理是确保系统安全和稳定运行的关键，及时安装安全补丁可以有效防止网络攻击和系统崩溃。

### (三) 故障检测与处理

系统运行过程中难免会出现故障，及时检测和处理故障是维护工作的核心内容。建立完善的故障检测机制，通过实时监控系统状态，可以快速发现异常情况。对于已发现的故障，需要制定详细的处理流程，确保故障能够迅速解决，避免影响系统的正常运行[①]。

### (四) 备份与恢复

定期备份系统数据和配置文件是防止数据丢失和系统崩溃的重要措施。建立完善的备份机制，确保在系统出现严重故障时，可以通过恢复备份数据迅速恢复系统的正常运行。

---

① 郭泽华. 传感器技术在机电自动化中的应用研究 [J]. 化纤与纺织技术，2021，50（3）：98-99.

### （五）培训与记录

对系统操作人员进行定期培训，提高其对系统维护和故障处理的能力。详细记录每次维护和故障处理的过程和结果，可以为后续的维护工作提供参考和借鉴，帮助他们快速解决类似问题。

## 二、自动化控制系统的优化

### （一）性能分析与改进

定期对系统性能进行分析，识别性能瓶颈和改进点。通过数据分析和性能测试，可以发现系统在处理速度、响应时间和资源利用率等方面的不足，进而制定优化方案，提高系统整体性能。

### （二）硬件升级与扩展

自动化控制系统的硬件设备也需要及时升级和扩展。通过更换性能更强的硬件设备，可以显著提升系统的处理能力和运行效率。此外，根据实际需求扩展系统的硬件配置，如增加传感器、执行机构等，可以增强系统的功能和适应性。

### （三）软件优化与重构

软件部分的优化也是提高系统性能的重要手段。对系统的软件进行代码优化、算法改进和架构重构，可以减少系统的资源占用，提高运行效率。同时，通过引入新的技术和方法，可以增强系统的智能化水平。

### （四）网络与通信优化

自动化控制系统的通信网络是数据传输的关键环节，优化网络配置和通信协议可以显著提高数据传输速度和稳定性。通过升级网络设备、调整通信参数和采用更高效的通信协议，可以提升系统的实时性和可靠性。

### (五) 能源管理与节能措施

在系统优化过程中，能源管理和节能措施也是一个重要方面。通过优化系统的能源管理策略，采用节能技术和设备，可以有效降低系统的能耗，减少运行成本，同时也符合绿色环保的要求。

### (六) 用户体验优化

用户体验是系统优化的重要目标之一，通过改进系统的人机界面、提高操作的便捷性和直观性，可以增强用户的使用体验。定期收集用户反馈，针对用户需求进行系统功能和界面的优化调整，可以提升用户满意度和系统的应用效果。

# 第九章  电气自动化在工业中的应用

## 第一节  电气自动化在制造业中的应用

### 一、生产过程自动化

利用自动化生产线和机器人，制造企业能够实现高度自动化的生产过程。从原材料的处理到成品的制造，整个生产流程几乎无须人工干预。这种高度自动化的生产模式显著提高了生产效率，使企业能够在更短的时间内完成更多的生产任务。自动化生产线可以连续运行，减少了人为操作带来的误差和停机时间，提高了产品的一致性和质量。由于减少了对人力的依赖，企业在员工培训、薪资和福利等方面的支出明显减少。同时，自动化设备可以长时间连续运行，降低了生产中断的风险，减少了因停机造成的损失。此外，自动化设备的高精度和高重复性使得生产过程中废品率大幅降低，进一步节省了材料成本。在生产过程中，自动化技术通过高效的资源利用和精准的工艺控制，优化了各个环节的操作流程。例如，原材料的精确投放和处理，工件的自动化加工和组装，成品的自动检测和包装等，都通过自动化设备实现无缝衔接[1]。自动化生产线的灵活性还使得企业能够快速响应市场需求的变化，调整生产计划和工艺流程，提升了市场竞争力。

### 二、质量控制和检测

通过电气自动化系统，制造企业能够对产品的质量进行实时监控和检测，确保生产过程中每一个环节的质量稳定和一致。安装在生产线上的各种传感器和检测设备，能够精确捕捉产品在制造过程中的各种参数和状态，从而及时发现潜在的质量问题。自动化系统利用传感器收集的数据，能够实时

---

[1] 李益鸣. 无线传感器网络在煤矿安全监测中的应用 [J]. 工程技术研究，2019，4（16）：140-141.

调整生产参数，以保证产品质量的一致性。例如，温度传感器可以监控加工过程中材料的温度变化，压力传感器可以检测成型过程中施加的压力，光电传感器可以识别产品的形状和尺寸偏差。通过这些数据的实时反馈，自动化系统能够迅速做出反应，调整工艺参数，避免产品质量的波动。

自动化检测设备还能进行无损检测，提高质量控制的精度。传统的质量检测方法往往需要破坏部分产品进行抽样检测，而无损检测技术则能够在不破坏产品的情况下，全面检测每一个产品的质量。这些检测技术包括超声波检测、X射线检测、激光扫描等，能够发现产品内部的缺陷或表面瑕疵，从而提高质量检测的全面性和准确性。自动化系统的另一个优势是其高效性和连续性。相比于人工检测，自动化检测设备能够在生产线高速运转的同时进行质量检测，不仅减少了检测时间，还避免了人为操作可能带来的误差。系统可以全天候运行，不间断地进行监控和检测，确保每一个产品都符合质量标准。

自动化系统能够存储和分析大量的检测数据，帮助企业进行质量追溯和改进。通过对历史数据的分析，企业可以发现生产过程中存在的质量问题和趋势，持续提升产品质量。此外，自动化系统的实时报警功能，可以在发现质量问题时及时通知操作人员进行处理，减少不合格产品的流出。

### 三、设备管理与维护

设备管理与维护是电气自动化系统的重要应用领域，通过智能传感器和监控系统，企业能够实时监测设备的运行状态，及时发现并预警潜在的故障。自动化系统的实时监测功能使得企业能够对设备的健康状态有一个全面、准确了解，从而安排适当的预防性维护。这种主动维护策略可以显著减少设备故障率和停机时间，避免因设备突然故障导致的生产中断和经济损失。智能传感器安装在设备的关键部位，能够检测设备的温度、振动、压力、转速等参数。通过对这些参数的监测和分析，系统可以及时发现设备运行中的异常情况。例如，温度传感器可以检测电机过热现象，振动传感器可以识别机械部件的异常振动，压力传感器可以监控液压系统的压力变化。这些实时数据通过网络传输到中央监控系统，进行数据分析和故障诊断。

预防性维护是基于实时监测的主动维护策略，通过提前识别设备的潜在问题，企业可以在设备出现故障前进行维护和修理。预防性维护不仅能够避免设备突然故障带来的停机风险，还可以延长设备的使用寿命。定期维护计划根据设备的运行状态和历史数据制定，确保每台设备都在最佳状态下运行。这样的维护方式比传统的定期维护和事后修理更具优势，因为它能够更有效地利用资源，减少不必要的维护和维修成本。电气自动化系统的故障预警功能可以极大地提高设备的管理水平。当监控系统检测到设备运行参数异常时，会立即发出警报通知操作人员。操作人员可以根据警报信息，迅速定位问题部位，并采取相应的措施进行处理。这种及时的故障预警机制，能够有效防止设备故障的扩大化，减少设备损坏的程度和修理难度。

通过减少设备的故障率和停机时间，企业可以保持生产线的连续运行。设备的高效运行不仅有助于按时完成生产任务，还能提高产品的质量和一致性。自动化系统的数据记录和分析功能，可以帮助企业不断优化设备管理策略，进一步提升设备的利用率和生产效率。电气自动化系统还可以为企业提供设备管理的决策支持。通过对设备运行数据的分析，系统可以生成各种报告和统计数据，帮助管理层了解设备的运行状况和维护需求。企业可以根据这些数据，合理调配资源，制订科学的设备管理和维护计划，确保设备始终处于最佳运行状态。

## 四、仓储和物流管理

仓储和物流管理领域中，自动化技术的应用极大地提升了效率和准确性。自动化仓储系统利用电气控制系统和物联网技术，能够实现物料的自动存取、搬运和排序，使企业能够实现仓储物流的全面自动化管理。这种自动化管理模式不仅减少了人工操作错误，还显著提升了物流效率。通过自动化存取设备，如自动化立体仓库、自动化导引车（AGV）和输送系统，物料可以在仓库中自动进出，实现快速高效存取操作。电气控制系统通过精准定位和控制，确保每件物料都能准确无误地存放在指定位置，并在需要时迅速提取出来。这样的自动化存取方式不仅节省了大量的人力资源，还减少了人工操作可能带来的错误，提高了仓储管理的准确性。

自动化导引车（AGV）在仓库内的应用，使得物料搬运变得更加高效和灵活。AGV可以根据预设的路径和任务要求，在仓库内自主导航，完成物料的搬运工作。与传统的人工搬运相比，AGV 的使用大大提高了物料搬运的效率，减少了人工操作的烦琐和劳动力的投入。同时，自动化排序系统能够根据订单需求和物料特点，自动对物料进行分类和排序，确保物料能够按照最优顺序进行存放和提取，提高了仓储管理的精度和效率。物联网技术使得仓储和物流管理实现了全面的自动化和智能化。通过在物料、设备和仓库环境中安装传感器，企业可以实时监控仓储和物流的各个环节。物联网技术将这些传感器数据传输到中央控制系统，进行实时分析和处理，从而实现对仓储和物流过程的全程监控和优化管理。这种实时数据的获取和分析，使得企业能够迅速响应物流需求变化，优化仓储空间利用率，提升物流效率。

通过自动化设备和系统，许多传统上由人工完成的操作都转移到了机器上。自动化设备具有高精度和高可靠性的特点，能够避免人为操作中常见的疏漏和错误。尤其是在物料的存取、搬运和排序过程中，自动化系统的准确性和一致性显著减少了操作错误，提高了整个物流过程的准确性和可靠性。提升物流效率是自动化仓储系统的直接成果。自动化系统能够在短时间内完成大量物料的处理和流转，提高了仓储和物流的处理能力。此外，自动化系统还可以实现 24 小时不间断运行，进一步提高了物流效率，满足了现代企业对快速响应和高效运作的需求。

## 五、节能和环保

电气自动化系统在制造业中具有重要的节能和环保作用，能够帮助企业实现节能减排的目标。通过对能源使用情况的实时监控和优化控制，自动化系统可以显著降低能源消耗。实时监控系统能够收集和分析设备运行过程中的能源使用数据，识别高能耗环节，确保每一单位能源都被有效利用。自动化系统能够对生产流程进行全面优化。例如，通过精确控制生产设备的运行状态和时间，避免设备长时间空转或过载运行，从而降低能耗。自动化系统还可以根据生产需求动态调整设备的运行参数，确保生产过程始终在最佳能效状态下进行。此外，通过对生产线进行优化布局和自动化调度，可以减少物料的搬运距离和时间，进一步降低能源消耗。

自动化系统能够对生产过程中的各项参数进行精确控制，确保产品质量的稳定性和一致性，从而降低废品率。通过实时监测和反馈，系统可以及时发现生产中的异常情况并进行调整，避免因参数偏差导致的大批量废品产生。与此同时，自动化系统还能优化原材料的使用，最大限度地减少生产过程中的材料浪费。系统能够对废物产生过程进行全面监控和管理，确保废物得到及时、正确处理。例如，通过对生产设备进行定期维护和监控，减少因设备故障导致的废物产生。自动化系统还可以对废物处理过程进行优化，提高废物回收利用率。此外，通过对废水、废气等污染物的实时监测和处理，确保排放物符合环保标准，降低对环境的负面影响。

电气自动化系统还可以通过智能电网和能源管理系统，进一步推动企业的节能和环保工作。智能电网技术能够实现能源的智能分配和调度，优化电力供应。能源管理系统则可以对企业的整体能源使用情况进行全面分析和管理，制订科学的能源使用计划，确保能源的高效利用。企业可以更加有效地控制能源消耗，达到节能环保的目标。此外，电气自动化系统在节能和环保方面的应用还可以提升企业的社会责任形象。随着环保法规和政策的日益严格，企业在节能环保方面的表现也成为其竞争力的重要组成部分。通过采用先进的电气自动化系统，实现绿色制造和可持续发展，不仅能够提高企业的经济效益，还能增强企业的社会声誉和市场竞争力。

## 六、数据采集与分析

电气自动化系统通过全面的数据采集与分析，能够实时收集生产过程中的各类数据，包括温度、压力、速度、位置等参数。这些数据通过传感器、控制器和网络传输到中央数据库进行存储和处理，为企业提供了丰富的信息资源。电气自动化系统的数据采集功能能够覆盖每一个环节，确保对生产状态的全面监控。例如，在原材料处理阶段，系统可以监测原材料的质量和数量；在加工阶段，系统可以记录设备的运行状态和加工参数；在装配阶段，系统可以跟踪每个零部件的安装过程和质量检查结果。通过这些实时数据的收集和监控，企业可以全面掌控生产过程中的每一个细节。

电气自动化系统利用大数据分析技术，对生产过程中收集到的大量数据进行深度分析。通过数据挖掘、模式识别和统计分析等方法，系统可以识别生产过程中的异常情况和趋势。例如，系统可以通过分析设备的运行数据，预测可能的故障，提前采取预防措施；通过分析产品的质量数据，发现生产过程中存在的质量问题，并提出改进建议。数据分析不仅可以帮助企业提高生产效率，还可以显著提升产品质量。系统能够在发现问题的第一时间，自动调整生产参数。例如，当系统检测到某个加工环节的温度偏离正常范围时，可以自动调整设备的工作参数，恢复正常状态。这样的实时反馈和调整，不仅提高了生产的灵活性和响应速度，还能够有效避免因参数偏差导致的质量问题和生产损失。

电气自动化系统的数据分析功能还能够支持企业进行长期的生产优化和改进。企业可以识别出影响生产效率和产品质量的关键因素，制定针对性改进措施。例如，通过分析设备的运行历史数据，可以优化设备的维护和保养计划，提高设备的利用率和寿命；通过分析生产过程中的质量数据，可以改进工艺流程和质量控制措施，减少废品率和返工成本。数据分析为企业的持续改进和创新提供了强有力的支持。电气自动化系统的数据采集与分析，还可以为企业的管理决策提供科学依据。通过对生产数据的综合分析，管理层可以全面了解生产运营的现状和发展趋势，制订科学的生产计划和战略。

### 七、柔性制造与定制化生产

柔性制造与定制化生产是现代制造业中的重要趋势，电气自动化技术在其中扮演了关键角色。电气自动化技术使得制造企业能够更加灵活地应对市场需求的变化，实现高度的柔性制造和定制化生产。通过自动化生产线的快速调整和重新配置，企业能够迅速响应客户的个性化需求，缩短生产周期，从而提升市场竞争力。在传统的制造模式下，生产线的调整通常需要耗费大量的时间和人力，而自动化系统则能够通过程序控制，实现对生产设备的快速配置和切换。例如，通过编程控制系统，可以在短时间内改变设备的运行参数、生产流程和工艺设置，从而适应不同产品的生产需求。这种快速调整能力，使得企业能够灵活应对市场变化，满足不同客户的定制化需求。

柔性制造系统（FMS）通过自动化设备和灵活的生产单元，实现对多品种、小批量生产的高效管理。自动化技术的应用，使得生产线能够在不影响整体效率的前提下，灵活切换生产任务。通过传感器、机器人和自动化导引车（AGV）等设备的协同工作，生产线可以根据订单需求，自动调整生产计划和工序安排，从而实现多样化产品的高效生产。柔性制造不仅提高了生产效率，还减少了库存压力和生产成本。定制化生产需要生产系统具备高度的灵活性和响应能力，以满足客户的个性化需求。通过自动化技术，企业可以实现从订单接收、生产计划制订到生产执行的全流程自动化管理。信息技术和自动化设备的结合，使得企业能够快速处理客户订单，并根据订单要求调整生产流程和工艺参数，确保每一个定制化产品都能够按时、高质量地完成。定制化生产不仅提升了客户满意度，还增强了企业的市场竞争力。

电气自动化系统在实现柔性制造和定制化生产的同时，也提高了生产的精度和一致性。自动化设备通过精确控制和实时监测，能够确保生产过程中每一个环节的高精度和高一致性。通过自动化检测和反馈系统，可以及时发现和纠正生产中的偏差，确保产品质量的稳定和一致。这种高精度的生产能力，使得企业能够在满足客户个性化需求的同时，保持产品的高质量标准。另外，电气自动化技术的应用还缩短了产品的研发和生产周期。通过数字化设计和虚拟仿真技术，企业可以在产品设计阶段就进行全面的模拟和优化，减少了实际生产中的试错成本和时间。自动化生产系统的高效运行，使得企业能够快速将设计转化为产品，实现从研发到生产的快速响应。这种快速响应能力，使得企业能够在竞争激烈的市场中占据优势地位。

## 八、支持智能制造

作为智能制造的重要支撑技术，电气自动化通过与人工智能、大数据、物联网等先进技术的结合，能够实现智能制造的目标，使制造过程变得更加智能、高效和灵活，推动制造业向智能化转型升级。电气自动化与人工智能的结合，提升了制造过程的智能化水平。通过在生产过程中应用人工智能技术，自动化系统可以实现自我学习和优化。机器学习算法能够分析和处理海量的生产数据，识别出影响生产效率和产品质量的关键因素，从而优化生产流程。例如，预测性维护就是利用人工智能分析设备运行数据，提前预测故障并进行维护，避免了设备的突然停机和生产中断，极大地提高了生产线的可靠性和效率。

电气自动化与大数据技术的融合，使得制造过程的数据驱动决策成为可能。在智能制造过程中，电气自动化系统通过传感器和监控设备，实时采集生产中的各类数据。这些数据经过大数据平台的处理和分析，能够为生产管理提供全面、及时的信息支持。例如，可以优化生产计划、调整生产节奏，确保资源的高效利用和生产的连续性。此外，大数据分析还能够识别和预测市场需求变化，帮助企业制定更加精准的生产策略，提升市场响应速度和竞争力。例如，智能工厂中，各类设备通过物联网平台连接，形成一个高度协同的生产网络。每台设备不仅能够独立运行，还能与其他设备共享信息，协同完成复杂的生产任务。

电气自动化系统的智能化升级，还体现在生产管理和控制的全面自动化上。通过智能化控制系统，企业可以实现对生产全过程的自动化管理。从原材料的入库、生产过程的控制，到成品的检测和出库，智能化控制系统能够实时监控和调节每一个环节，确保生产的高效运行。智能化控制不仅提高了生产效率，还减少了人为操作带来的误差和风险，提升了产品质量的稳定性和一致性。智能制造的实现，不仅依赖于先进的技术，还需要系统的集成和协同工作。电气自动化系统通过与其他技术的深度融合，形成了一个智能化的生产生态系统。这个系统能够全面整合生产中的各个环节，从设计、生产到物流和销售，形成一个高效协同的智能制造链条。这种系统的集成和协同，不仅提高了生产效率和产品质量，还降低了生产成本，提升了企业的综合竞争力。

# 第二节　电气自动化在能源行业中的应用

## 一、发电过程自动化

### (一) 实时监控和控制

电气自动化技术在发电过程中最重要的应用是对各个环节进行实时监控和控制。发电站的运行涉及多个关键环节，包括燃料供应、锅炉运行、汽轮机和发电机的工作状态等。通过智能传感器和控制器，自动化系统可以实时采集和分析这些环节的运行数据。系统能够对燃料的供给进行精确控制，确保锅炉内的燃烧过程始终在最佳状态，从而最大限度地提高燃烧效率，减少能耗和污染排放。此外，自动化系统还能调节汽轮机和发电机的运行参数，确保整个发电过程的平稳高效运行。

## （二）优化燃烧效率

通过智能传感器和自动化控制系统，发电站可以精确控制燃料和空气的供给比例，确保燃烧过程始终在最佳化学计量比下进行。这种精确控制不仅提高了燃料的利用率，减少了燃料消耗，还显著降低了污染物的排放。自动化系统可以实时监测锅炉内的温度、压力和燃烧情况，并根据这些数据自动调整燃料和空气的供给量。此外，系统还能够检测燃烧过程中产生的废气成分，进一步优化燃烧过程，确保环保达标。

## （三）预防性维护和故障预测

通过对设备运行状态的实时监测，自动化系统可以识别设备的早期故障信号和异常情况[①]。例如，传感器可以监测汽轮机的振动情况、发电机的温度变化和其他关键参数，自动化系统根据这些数据进行分析，提前预警潜在的故障。这样，维护人员可以在故障发生前进行预防性维护，避免突发故障导致的生产中断和经济损失。此外，自动化系统还能够记录和分析历史数据，利用大数据和机器学习算法进行故障预测和设备寿命管理，进一步提高发电站的可靠性和安全性。

# 二、电网管理与优化

## （一）实现电力供应与需求的平衡

电气自动化技术在电网管理中的应用，首先体现在实现电力供应和需求的平衡上。智能电网技术通过自动化系统，实时监控和管理电网的运行状态，确保电力供应能够及时响应需求的变化。自动化系统可以实时采集和分析电压、电流、功率因数等关键参数，动态调整电力输送和分配策略。例如，系统可以智能调度备用电源，提高电网的供电能力；系统则可以减少电力输送。这样的动态调整不仅提高了电网的运行效率，还有效降低了电力浪费。

---

① 卢晓玲.基于传感器技术的机电自动化研究 [J].黑河学院学报，2019，10(2)：219-220.

### （二）故障检测与处理

自动化系统在电网管理中的另一个关键作用是实时监控电网的运行状态，及时检测和处理电网故障。通过安装在电网各个节点的智能传感器，系统能够实时监测电压、电流和功率因数等参数，迅速发现异常情况。例如，系统可以检测到线路的过载、短路或接地故障，通知运维人员进行处理。自动化系统还可以自动隔离故障区域，调整电力输送路径，确保其他区域的正常供电。通过这种智能化的故障检测与处理机制，电网的运行可靠性得到了显著提升，停电事故的影响和范围得到了有效控制。

### （三）集成可再生能源与需求侧管理

智能电网的一个重要特性是能够集成可再生能源，提高电网的灵活性和稳定性。通过电气自动化技术，电网可以有效管理风能、太阳能等可再生能源的接入和利用。例如，自动化系统可以根据天气预报和实时数据，预测风能和太阳能的发电量，优化调度策略。可再生能源的波动性较大，智能电网通过储能系统和需求侧响应技术，能够平滑输出，保持电网的稳定运行。电气自动化技术还支持需求侧管理，通过智能电表和负荷控制，帮助用户优化用电行为。智能电表能够实时监测用户的用电情况，提供详细的用电数据和分析报告，帮助用户识别高能耗设备和用电高峰时段。负荷控制技术则可以根据电价和电网负荷情况，自动调整用电设备的运行时间和功率，降低用户的电费和能耗。例如，自动化系统可以在电价较低的时段，自动启动电热水器、空调等高能耗设备，避免高峰时段的用电高峰。

## 三、油气开采与处理

### （一）自动化钻井技术

电气自动化技术在油气开采中的应用首先体现在自动化钻井技术上。通过先进的自动化控制系统，钻井平台能够精确控制钻井参数，如钻头速度、钻压、泥浆流量等。这种精确控制不仅优化了钻井速度和质量，还显著减少了钻井成本。自动化系统能够实时监测钻井过程中的各种数据，自动调整钻井参数，以应对不同地质条件的变化，避免钻井事故的发生。例如，当钻头遇到硬岩层时，系统可以自动减缓钻头速度并增加钻压，确保钻井过程的顺利进行。这种智能化的钻井控制大大提高了钻井效率和安全性，减少了人力需求和操作风险。

### (二) 油气管道自动化监测

油气管道的安全和高效运行对整个油气行业至关重要，电气自动化技术在这方面发挥了重要作用。通过自动化监测系统，企业能够实时检测管道的压力、温度和流量，确保管道运行在安全范围内。传感器安装在管道的关键节点，能够迅速发现泄漏、堵塞或其他故障，并及时发出警报。自动化系统可以自动分析监测数据，预测可能出现的故障，避免突发事故。特别是在长距离输送油气的管道中，这种实时监测和智能分析能力显著降低了环境污染和经济损失的风险，提高了管道的运行可靠性和安全性。

### (三) 炼油厂自动化控制

在炼油厂，电气自动化技术通过优化炼油工艺，提升了生产效率和产品质量。自动化控制系统能够对炼油过程中的各个环节进行精确控制，包括温度、压力、反应时间等关键参数。系统可以优化每一步工艺流程，确保生产过程的稳定性和高效性。例如，在催化裂化过程中，自动化系统可以精确控制反应温度和压力，优化催化剂的使用，提高产品的质量。自动化技术还能够降低能耗，通过智能化控制，减少能源的浪费，降低二氧化碳和其他污染物的排放。整体而言，电气自动化技术不仅提高了炼油厂的生产能力，还推动了环保和节能目标的实现。

## 四、可再生能源的集成与管理

### (一) 风力发电自动化系统

在风力发电领域，电气自动化技术能够显著提高发电效率和系统的可靠性。自动化系统可以实时监控风力发电场的运行状态，根据风速和风向调整风机的角度和转速，从而优化发电效率。例如，当风速变化时，自动化系统能够迅速调整叶片角度（桨距角），确保风机在最佳条件下运行。此外，自动化系统还能够监测和控制多个风机的协同工作，优化整个风电场的输出，减少机械磨损，提高风机的使用寿命。

### （二）太阳能发电优化

在太阳能发电系统中，电气自动化技术通过实时监测和优化控制，提升了光电转换效率。自动化控制系统能够监测太阳能电池板的运行状态，如电压、电流和温度等参数。根据这些数据，系统可以调整电池板的角度，确保其始终面向阳光最强的位置，最大化光电转换效率。智能逆变器也是自动化系统的一部分，通过优化电能转换和传输，提高了整体系统的效率。此外，自动化系统还能检测和管理电池板的故障，及时进行维护。

### （三）水能发电控制

水能发电在可再生能源中占有重要地位，电气自动化技术在水能发电的集成与管理中同样具有重要作用。自动化控制系统可以精确管理水电站的运行，包括水流量、涡轮转速和发电机状态等。通过实时监控水库的水位和流量，自动化系统可以优化发电过程，确保高效利用水资源。在多水电站系统中，自动化技术还可以协调各站点的发电活动，平衡负荷，提升电力供应的稳定性和效率。

### （四）智能电网中的集成与优化

电气自动化技术能够将不同类型的可再生能源集成到智能电网中，实现能源利用和电力供应的优化管理。通过智能电网技术，电力公司可以实时监控和调度风能、太阳能、水能等多种可再生能源，确保电网的稳定性和高效运行。自动化系统可以根据实时电力需求和可再生能源的发电情况，动态调整电力供应，平衡负荷。例如，在光伏发电和风电发电波动较大的情况下，智能电网可以通过储能系统和其他调节手段，平滑输出。此外，智能电网还能够优化电力的分配和传输，提高电网的整体效率，促进绿色能源的发展。

## 五、能源管理系统（EMS）

### (一) 实时监控与数据采集

能源管理系统（EMS）通过实时监控和数据采集，对整个能源系统的运行状态进行全面监控。系统中的传感器和测量设备可以实时收集能源生产、传输和使用过程中的各项数据，包括电压、电流、功率、能耗等参数。通过对这些数据的实时监测，EMS 能够及时发现和预警系统中的异常情况，确保能源系统的安全和稳定运行。实时监控还为后续的分析和优化提供了丰富的数据基础，使管理者能够准确了解系统的运行状态和能效水平。

### (二) 数据分析与优化管理

EMS 不仅能够采集数据，还可以利用大数据分析技术，对收集到的海量数据进行深度分析。通过对能源使用数据的分析，EMS 能够识别能源消耗中的高能耗环节和潜在的节能机会。例如，EMS 可以分析生产设备的能耗数据，找出高耗能设备和工艺环节，并提出优化建议，减少能耗和排放。在商业和住宅建筑中，EMS 可以分析空调、照明等设备的用电模式，优化设备的运行时间和功率设置，降低电费和能耗。这种基于数据分析的优化管理，使能源系统更加高效和经济。

### (三) 生产工艺优化

工业企业通过 EMS 可以实现生产工艺的优化管理，进一步提高能效和降低排放。EMS 能够实时监控生产过程中的能耗情况，分析各个工艺环节的能效水平。基于这些数据，EMS 可以优化生产流程，调整设备运行参数。例如，EMS 可以通过调整设备的启动和停机时间，避免设备在非生产时段的空转和待机，节省能源。同时，EMS 还能帮助企业优化资源配置，合理安排生产计划，最大限度地提高生产效率和能源利用率，达到节能减排的目标。

### (四) 智能调控与需求管理

EMS 在商业和住宅建筑中的应用，可以通过智能调控和需求管理，实现用电设备的优化管理。EMS 能够根据实时电价和用电需求，智能调控空调、照明、电梯等设备的运行。例如，在电价较高的时段，EMS 可以自动调低空调温度或延迟某些高耗能设备的运行时间，减少高峰时段的用电量，降低电费。同时，EMS 还可以根据用户的用电习惯和需求，提供个性化的用电建议，提高用电效率。这种智能调控和需求管理，不仅降低了能耗和电费，还提高了用电的舒适性和便利性。

### （五）能源储存与调度管理

EMS 支持能源储存与调度管理，提高能源系统的可靠性和稳定性。在可再生能源广泛应用的背景下，能源储存技术显得尤为重要。EMS 能够实时监控储能设备的运行状态，优化储能和放能策略。例如，EMS 可以在电力需求低谷时段将多余的电能存储起来，在高峰时段释放出来。此外，EMS 还能根据实时的电力供需情况，智能调度分布式能源和储能系统，促进能源系统的可持续发展。

## 第三节　电气自动化在交通运输中的应用

### 一、智能交通系统（ITS）

智能交通系统（ITS）是电气自动化技术在交通运输中的重要应用，通过集成先进的信息技术、通信技术和控制技术，实现交通管理和控制的智能化。ITS 能够实时监控道路交通状况，采集车辆流量、速度和交通事故等数据，通过大数据分析和智能算法进行处理，从而实现对交通流的精准预测和优化管理。例如，ITS 可以根据实时交通流量，动态调整信号灯的绿灯时间，分流车辆，缓解交通压力。此外，ITS 还可以为驾驶员提供实时交通信息和导航服务，提高出行的便捷性和安全性。

### 二、自动驾驶技术

自动驾驶技术是电气自动化在交通运输中的前沿应用，通过融合传感器、人工智能和控制系统，实现车辆的自动驾驶。自动驾驶系统能够通过摄像头、雷达、激光雷达等传感器，实时感知周围环境，识别道路、车辆、行人和交通标志等信息。自动驾驶系统利用智能算法进行决策和控制，自动完成加速、刹车、转向等操作。自动驾驶技术不仅提高了行车的安全性和舒适性，还能够优化交通流量，减少交通事故和拥堵[①]。例如，在无人驾驶出租车和自动驾驶公交车等领域，自动驾驶技术的应用为城市交通带来了革命性的变化。

### 三、铁路运输自动化

电气自动化技术在铁路运输中的应用显著提高了铁路系统的运行效率和安全性。自动化列车控制系统（ATC）能够实时监控和控制列车的运行状态，包括速度、位置和加速度等参数。通过自动化调度和控制，铁路系统能够实现列车的精准运行，优化发车和到站时间，减少列车的等待和延误。例如，高速铁路中的自动驾驶列车（ATO）系统，可以实现列车的自动加速、减速和停车，提高列车运行的平稳性和舒适性。此外，自动化技术还在铁路的信号系统、通信系统和电力供给系统中广泛应用，保障铁路运输的安全和稳定。

### 四、港口和物流自动化

港口和物流领域的电气自动化应用大大提高了货物装卸和运输的效率。自动化码头通过自动化设备和系统，实现了货物的自动装卸、堆垛和运输。自动化集装箱起重机（ASC）和自动化导引车（AGV）等设备能够根据预定的计划，自动完成集装箱的搬运和堆垛，提高了港口的装卸效率和存储能力。物流仓储中的自动化分拣系统（AS/RS）和自动化运输系统（ATS）能够实现货物的快速分拣和配送，减少了人力成本和操作错误，提高了物流效率。例如，电商企业通过自动化物流系统，实现了订单的快速处理和配送，提升了客户的满意度。

### 五、航空运输自动化

电气自动化技术在航空运输中的应用同样显著提升了航空系统的运行

---

① 戴聪，刘勇智，李杰. 开关磁阻电机位置传感器机械偏移故障诊断和容错控制 [J]. 电子测量与仪器学报，2018, 32(9)：12-19.

效率和安全性。自动化空中交通管理系统（ATM）通过实时监控和控制飞机的飞行状态，优化飞行路线和空域管理，减少飞机的等待和延误时间。自动化机场管理系统（A-SMGCS）能够实现飞机和地面车辆的自动导航和控制，提高机场的运行效率和安全性。例如，在飞机起飞和降落过程中，自动化系统能够精确控制飞机的速度和高度，确保飞行的安全和顺畅。此外，自动化行李处理系统（BHS）和旅客安检系统（APS）等技术的应用，提高了机场的服务水平和运营效率。

## 第四节　电气自动化在其他领域中的应用

### 一、医疗健康

电气自动化技术在医疗健康领域的应用极大地提升了医疗服务的效率和质量。自动化设备如自动化药物分配系统（ADS）和手术机器人，在医院的日常运营和复杂手术中发挥了重要作用。例如，手术机器人能够辅助外科医生进行高精度的手术操作，减少创伤和恢复时间。自动化药物分配系统可以确保药物的准确分配和管理，减少人为错误，提升药物管理的效率和安全性。此外，自动化监测设备能够实时监测患者的生命体征，为医生提供及时、准确的诊断数据，优化治疗方案。

### 二、农业自动化

在农业领域，电气自动化技术的应用显著提高了农业生产的效率和精度。自动化灌溉系统能够根据土壤湿度、气候条件和作物需求，精确控制灌溉量，节约水资源，提高作物产量。农业机器人可以执行播种、除草、施肥和收割等任务，减少了劳动力需求，提升了农业作业的效率和一致性。无人机在农业中的应用也日益广泛，能够进行大面积的农田监测、病虫害防治和精准农业操作，提高农业管理的科学性和精确度。

### 三、建筑自动化

电气自动化技术在建筑领域的应用，推动了智能建筑的发展。智能建筑管理系统（BMS）通过集成照明、暖通空调（HVAC）、安防和能源管理等系统，实现建筑物的自动化控制和管理。例如，自动化照明系统可以根据室内外光线条件和人员活动情况，自动调节灯光亮度，节约能源。HVAC系统通过自动化控制，实现室内温度、湿度和空气质量的优化调节，提升居住和工作环境的舒适度。安防系统则通过自动监控和报警，提高建筑的安全性。此外，智能建筑管理系统还可以通过能源管理模块实时监控和调节建筑物的能源使用情况，优化能源分配，提高能源利用效率[①]。

## 四、环境监测与保护

电气自动化技术在环境监测与保护领域的应用，有助于提升环境保护的效率和效果。自动化环境监测系统能够实时监测空气质量、水质、噪声和土壤污染等环境参数，提供准确、实时的环境数据。例如，空气质量监测站通过自动化传感器，实时监测空气中的污染物浓度，及时预警空气污染事件。水质监测系统能够监测河流、湖泊和地下水的水质变化，确保水资源的安全和可持续利用。通过对环境数据的自动分析和处理，相关部门可以迅速采取应对措施，保护生态环境。

## 五、家居自动化

家居自动化是电气自动化技术在家庭生活中的重要应用，智能家居系统提升了家庭生活的便捷性和舒适度。智能家居系统能够集中控制家庭中的各类电器设备，如照明、空调、家电和安防设备。例如，智能照明系统可以根据时间和活动情况自动调节灯光亮度，营造舒适的居住环境。智能空调系统能够根据室内外温度和湿度变化，自动调整运行模式，保持适宜的室内气候。安防系统通过自动化监控和报警，提升家庭安全性。智能家居系统还可以通过语音控制、手机APP等方式，实现远程控制和智能联动，提升生活的便捷性和智能化水平。

---

① 张永芳，王霞，邢志国，等. 面向机械装备健康监测的振动传感器研究现状 [J]. 材料导报，2020，34(13)：13121-13130.

# 结束语

机电信息与电力工程技术应用在现代电力系统中扮演着至关重要的角色，机电信息技术与电力工程的融合不仅提升了系统的效率和可靠性，还推动了整个行业的智能化发展。以下将从三个方面论述机电信息与电力工程技术的应用。

（1）机电信息技术在电力工程中的应用主要体现在电力系统的集成与优化上。通过将信息技术与机电设备结合，可以实现对电力系统的全面监控与管理。例如，智能电网中的监控与控制系统，通过实时数据的采集与分析，优化电力调度与资源分配，从而提高了能源利用效率并减少了故障发生率。

（2）随着技术的发展，电力工程中的机电设备逐渐向智能化与自动化方向发展。这不仅提高了设备的操作效率，还减少了人为操作中的错误和风险。智能变电站、自动化发电设备等都是机电信息技术在电力工程中的典型应用，这些设备通过传感器与信息处理系统实现自动监测、故障诊断和远程控制，从而保障了电力供应的稳定性和安全性。

（3）在可再生能源发电系统中，机电信息技术的应用尤为重要。风能、太阳能等可再生能源的发电过程具有较大的波动性和不确定性，机电信息技术通过数据分析与优化控制，能够有效平衡电力输出。例如，风力发电系统中的机电信息系统可以实时监测风速、风向等参数，并调整发电设备的运行状态，以确保最佳的发电效率和系统稳定性。这种技术应用不仅推动了可再生能源的利用，还为电力系统的绿色化发展提供了技术支持。

综上所述，机电信息技术在电力工程中的应用，从电力系统自动化、新能源发电控制以及电力设备运维三个方面，为电力工程带来了巨大的技术进步和经济效益。未来，随着技术的不断发展和创新，机电信息与电力工程技术的融合将进一步推动能源管理和利用的智能化、绿色化和高效化。

# 参考文献

[1] 陈志英.高速公路机电工程施工中的安全管理与风险控制策略 [J].工程技术研究，2023，8(20)：117-119.

[2] 张震.基于智慧化的高速公路机电工程建设 [J].智能建筑与智慧城市，2023(07)：169-171.

[3] 李磊.智慧供电系统在高速公路机电工程中的应用 [J].电子技术，2023，52(05)：184-185.

[4] 王锐.高速公路机电工程供配电施工技术及质量控制 [J].工程机械与维修，2023(04)：108-110.

[5] 孙健.BIM 技术在高速公路机电工程中的应用 [J].电子技术，2023，52(11)：72-73.

[6] 宋勇.基于 BIM 的高速公路机电工程进度管理系统研究 [J].中国设备工程，2023(15)：213-215.

[7] 王康.高速公路交通机电设备的维护措施分析 [J].电子技术，2023，52(06)：234-235.

[8] 高宇，姚鹤林，蔡宇婷，等.元宇宙背景下的校园文创产品设计探索 [J].文化创新比较研究，2023，7(01)：119-122.

[9] 张丽冰.大数据伦理问题相关研究综述 [J].文化创新比较研究，2023，7(01)：58-61+164.

[10] 郑超，杜菊.我国"体教融合"主题的研究进展——基于文献计量法与知识图谱的分析 [J].南京体育学院学报，2022，21 (05)：27-35.

[11] 曹宏伟.基于 PLC 技术的矿山机电控制系统应用研究 [J].当代化工研究，2021(11)：55-56.

[12] 高岳，张凡荣.电子信息技术在控制系统中的应用研究 [J].科技创新导报，2017，14(26)：129-131.

[13] 罗书明. 机电一体化技术在智能制造中的应用策略 [J]. 中国科技信息，2022(09)：112-113.

[14] 雷荣. 工程机械制造中机电自动化的应用研究 [J]. 现代制造技术与装备，2022，58(02)：174-176.

[15] 刘克宇. 工程机械机电一体化技术的发展与应用研究 [J]. 造纸装备及材料，2021，50(9)：90-91.

[16] 王佳琦. 机电一体化在化工工程机械中的运用：评《化工机械基础》[J]. 热固性树脂，2020，35(6)：77.

[17] 李捷. 机电一体化技术在智能制造中的应用 [J]. 工程技术研究，20194(23)：243-244.

[18] 郑永锋. 高职机电一体化专业项目驱动课程体系研究 [D]. 金华：浙江师范大学，2014.

[19] 牛璐. 机电一体化系统在农业机械工程中的应用策略 [J]. 河北农机，2021(10)：63-64.

[20] 张亮. 机电一体化技术在家用电器中的应用和发展 [C]// 叶茂.2017年第七届全国地方机械工程学会学术年会暨海峡两岸机械科技学术论坛论文集. 北京：《中国学术期刊(光盘版)》电子杂志社，2017：449-450.

[21] 杨英. 机电一体化技术在智能制造中的运用 [J]. 造纸装备及材料，2021，50(8)：98-99.

[22] 李劲松，滕建华，姜若祥. 探析自动控制和机电一体化技术在食品加工中的应用 [J]. 肉类研究，2021，35(2)：64.

[23] 赵阳. 高职院校学生职业能力培养研究 [D]. 哈尔滨：哈尔滨师范大学，2016.

[24] 陈灿章. 传感器技术在机电自动化系统中的应用研究 [J]. 中国新技术新产品，2019(6)：23-24.

[25] 牛艳东，龙维，孙友平，等. 传感器控制自动灌溉系统的研制及其在油茶苗木生产中的应用 [J]. 湖南林业科技，2018，45(1)：6-11.

[26] 张海强，杜俊斌. 机电自动化中传感器技术的应用研究 [J]. 中国设备工程，2019(14)：128-130.

[27] 贺彦博，夏立元，荣雁，等．基于分布式光纤温度传感技术的油气储罐火灾监测系统的应用实践 [J].中国石油和化工标准与质量，2019，39（14）：64-66.

[28] 祝书伟，徐仙国，谢茜茜．传感器技术在机电一体化的应用 [J].现代制造技术与装备，2019（6）：211，213.

[29] 孙少平．基于云平台的新生儿培养箱中央智能监护系统的设计与应用 [J].医院数字化管理，2019（12）：84-87.

[30] 李益鸣．无线传感器网络在煤矿安全监测中的应用 [J].工程技术研究，2019，4（16）：140-141.

[31] 孔宁宁，崔沛．传感器技术在机电自动化控制中的应用 [J].造纸装备及材料，2021，50（5）：99-101.

[32] 张禹，孙奎，张元飞，等．用于机械臂末端感知的激光测距传感器设计 [J].机器人，2014，36（5）：519-526+534.

[33] 郭泽华．传感器技术在机电自动化中的应用研究 [J].化纤与纺织技术，2021，50（3）：98-99.

[34] 李益鸣．无线传感器网络在煤矿安全监测中的应用 [J].工程技术研究，2019，4（16）：140-141.

[35] 卢晓玲．基于传感器技术的机电自动化研究 [J].黑河学院学报，2019，10（2）：219-220.

[36] 戴聪，刘勇智，李杰．开关磁阻电机位置传感器机械偏移故障诊断和容错控制 [J].电子测量与仪器学报，2018，32（9）：12-19.

[37] 张永芳，王霞，邢志国，等．面向机械装备健康监测的振动传感器研究现状 [J].材料导报，2020，34（13）：13121-13130.

[38] 闵磊，张洪信，赵清海，杨健．基于 MRAS 的机电液耦合器用 IPMSM 无速度传感器控制 [J].科学技术创新，2021（11）：37-39.

[39] 杨建忠，白玉轩，孙晓哲．基于神经网络的机电作动系统传感器故障分类研究 [J].微电机，2020，53（10）：68-75.

[40] 复合膜结构的光纤微光机电系统超声传感器及其制作方法 [J].传感器世界，2020，26（10）：57.

[41] 王瑜．交通运输中机电工程的应用及问题检测和预防研究 [J].江西

建材，2021（1）：68-69.

[42] 魏晖. 交通机电工程施工中的质量控制 [J]. 设备管理与维修，2020（22）：149-150.

[43] 王凯. 城市轨道交通机电安装中风管的连接 [J]. 智能城市，2020（21）：100-101.

[44] 马乐，肖迎俊，邱志新. 城市轨道交通机电技术专业人才培养模式改革分析 [J]. 无线互联科技，2020（16）：124-125.

[45] 王燕. 探析城市轨道交通机电安装技术的运用 [J]. 建材与装饰，2019（5）：277-278.

[46] 严欢. 关于城市轨道交通机电安装技术以及施工质量的探讨 [J]. 科技创新与应用，2017（32）：56，58.

[47] 朱素志. 公路隧道机电系统的现状与发展 [J]. 科学家，2016（7）：81-82.

[48] 王竞泓. 构建多源异构的电力工程数字造价平台 [J]. 电力勘测设计，2024（07）：37-41.

[49] 张艳. 基于融合 LSTM 的电力工程标签提取与识别算法设计 [J]. 电子设计工程，2024，32（16）：125-129.

[50] 初云祥，陈永君，周晓通. 土建施工和电力工程安装配合施工技术研究 [J]. 中国设备工程，2024（14）：209-211.

[51] 郑逸飞. 输配电及用电工程线路安全运行的技术探究 [J]. 中国设备工程，2024（14）：234-236.

[52] 许世兴.EPC 模式下火电工程全过程质量管理与控制研究 [J]. 低碳世界，2024，14（07）：121-123.